新农村建设丛书

农村电气化与节约用电

主编 赵法起 郗忠梅
副主编 娄 伟 刘凤玲

中国建筑工业出版社

图书在版编目（CIP）数据

农村电气化与节约用电/赵法起等主编. —北京：中国建筑工业出版社，2010
（新农村建设丛书）
ISBN 978-7-112-10598-4

Ⅰ. 农… Ⅱ. 赵… Ⅲ. ①农村－电气设备－基本知识 ②农村－用电管理－基本知识 Ⅳ. TM

中国版本图书馆 CIP 数据核字（2008）第 211033 号

新农村建设丛书
农村电气化与节约用电
主编　赵法起　郁忠梅
副主编　娄　伟　刘凤玲

*

中国建筑工业出版社出版、发行（北京西郊百万庄）
各地新华书店、建筑书店经销
北京华艺制版公司制版
北京市彩桥印刷有限责任公司印刷

*

开本：850×1168 毫米　1/32　印张：8⅞　字数：256 千字
2010 年 7 月第一版　2010 年 7 月第一次印刷
定价：21.00 元
ISBN 978-7-112-10598-4
（17523）

版权所有　翻印必究
如有印装质量问题，可寄本社退换
（邮政编码　100037）

本书是新农村建设丛书之一。本书主要介绍了与农业生产、日常生活紧密相关的常用的电工知识及电工维护技术。其内容包括：新农村电气化建设要求、农村电价政策、农村供电系统、农村低压配电线路及电器安装、家庭用电及电气照明、变压器、电动机、家用电器的选购和使用、安全用电、节约用电等。

本书适用于具有初中以上文化程度的读者阅读，所学知识学以致用，解决生产和生活中的实际问题。可作为农村用电常识及安全用电宣传的基础资料，亦可供相关工程技术人员参考。

* * *

责任编辑：刘 江 张礼庆
责任设计：赵明霞
责任校对：王雪竹 梁珊珊

《新农村建设丛书》委员会

顾问委员会

周干峙　中国科学院院士、中国工程院院士、原建设部副部长
山　仑　中国工程院院士、中国科学院水土保持研究所研究员
李兵弟　住房和城乡建设部村镇建设司司长
赵　晖　住房和城乡建设部村镇建设司副司长
董树亭　山东农业大学副校长、教授
明　矩　教育部科技司基础处处长
单卫东　国土资源部科技司处长
李　波　农业部科技司调研员
卢兵友　科技部中国农村技术开发中心星火与信息处副处长、研究员
党国英　中国社会科学院农村发展研究所研究员
冯长春　北京大学城市与环境学院教授
贾　磊　山东大学校长助理、教授
戴震青　亚太建设科技信息研究院总工程师
Herbert kallmayer（郝伯特·卡尔迈耶）　德国巴伐利亚州内政部最高建设局原负责人、慕尼黑工业大学教授、山东农业大学客座教授

农村基层审稿员

曾维泉　四川省绵竹市玉泉镇龙兴村村主任
袁祥生　山东省青州市南张楼村村委主任
宋文静　山东省泰安市泰山区邱家店镇埠阳庄村大学生村官
吴补科　陕西省咸阳市杨凌农业高新产业示范区永安村村民
俞　祥　江苏省扬州市邗江区扬寿镇副镇长

王福臣　黑龙江省拜泉县富强镇公平村一组村民

丛书主编

徐学东　山东农业大学村镇建设工程技术研究中心主任、教授

丛书主审

高　潮　住房和城乡建设部村镇建设专家委员会委员、中国建筑设计研究院研究员

丛书编委会（按姓氏笔画为序）

丁晓欣	卫　琳	牛大刚	王忠波	东野光亮	白清俊
米庆华	刘福胜	李天科	李树枫	李道亮	张可文
张庆华	陈纪军	陆伟刚	宋学东	金兆森	庞清江
赵兴忠	赵法起	段绪胜	徐学东	高明秀	董　洁
董雪艳	温凤荣				

本丛书为"十一五"国家科技支撑计划重大项目"村镇空间规划与土地利用关键技术研究"研究成果之一（项目编号2006BAJ05A0712）

丛书序言

　　建设社会主义新农村是我国现代化进程中的重大历史任务。党的十六届五中全会对新农村建设提出了"生产发展、生活宽裕、乡风文明、村容整洁、管理民主"的总要求。这既是党中央新时期对农村工作的纲领性要求，也是新农村建设必须达到的基本目标。由此可见，社会主义新农村，是社会主义经济建设、政治建设、文化建设、社会建设和党的建设协调推进的新农村，也是繁荣、富裕、民主、文明、和谐的新农村。建设社会主义新农村，需要国家政策推动，政府规划引导和资金支持，更需要新农村建设主力军——广大农民和村镇干部、技术人员团结奋斗，扎实推进。他们所缺乏的也正是实用技术的支持。

　　由山东农业大学徐学东教授主持编写的《新农村建设丛书》是为新农村建设提供较全面支持的一套涵盖面广、实用性强，语言简练、图文并茂、通俗易懂的好书。非常适合当前新农村建设主力军的广大农民朋友、新农村建设第一线工作的农村技术人员、村镇干部和大学生村官阅读使用。

　　山东农业大学是一所具有百年历史的知名多科性大学，具有与农村建设相关的齐全的学科门类和较强的学科交叉优势。在为新农村建设服务的过程中，该校已形成一支由多专业专家教授组成，立足农村，服务农民，有较强责任感和科技服务能力的新农村建设研究团队。他们参与了多项"十一五"科技支撑计划课题与建设部课题的研究工作，为新农村建设作出了重要贡献。该丛书的出版非常及时，满足了农村多元化发展的需要。

住房和城乡建设部村镇建设司司长　李兵弟
2010年3月26日

丛书前言

建设社会主义新农村是党中央、国务院在新形势下为促进农村经济社会全面发展作出的重大战略部署。中央为社会主义新农村建设描绘了"生产发展、生活宽裕、乡风文明、村容整洁、管理民主"的美好蓝图。党的十七届三中全会，进一步提出了"资源节约型、环境友好型农业生态体系基本形成，农村人居和生态环境明显改善，可持续发展能力不断增强"的农村改革发展目标。中央为建设社会主义新农村创造了非常好的政策环境，但是在当前条件下，建设社会主义新农村，是一项非常艰巨的历史任务。农民和村镇干部长期工作在生产建设第一线，是新农村建设的主体，在新农村建设中他们需要系统、全面地了解和掌握各领域的技术知识，以把握好新农村建设的方向，科学、合理有序地搞好建设。

作为新闻出版总署"十一五"规划图书，《新农村建设丛书》正是适应这一需要，针对当前新农村建设中最实际、最关键、最迫切需要解决的问题，特地为具有初中以上文化程度的普通农民、农村技术人员、村镇干部和大学生村官编写的一套大型综合性、知识性、实用性、科普性读物。重点解决上述群体在生活和工作中急需了解的技术问题。本丛书编写的指导思想是：以倡导新型发展理念和健康生活方式为目标，以农村基础设施建设为主要内容，为新农村建设提供全方位的应用技术，有效地指导村镇人居环境的全面提升，引导农民把我国农村建设成为节约、环保、卫生、安全、富裕、舒适、文明、和谐的社会主义新农村。

本丛书由上百位专家教授在深入调查的基础上精心编写，每一分册侧重于新农村建设需求的一个方面，丛书力求深入浅出、语言简练、图文并茂。读者既可收集丛书全部，也可根据实际需求有针对性地选择阅读。

由于我们认识水平所限,丛书的内容安排不一定能完全满足基层的实际需要,缺点错误也在所难免,恳请读者朋友提出批评指正。您在新农村建设中遇到的其他技术问题,也可直接与我们中心联系(电话 0538-8249908,E-mail: zgczjs@126.com),我们将组织相关专家尽力给予帮助。

山东农业大学村镇建设工程技术研究中心　徐学东
2010 年 3 月 26 日

本书前言

建设社会主义新农村是现代化进程中的一项重要历史任务。随着我国农村电气化事业及农村经济的迅速发展，无论是农业生产、农村经济，还是我们的生活、学习、文化娱乐对电的依赖程度越来越高。不但是专业电工从事电气工作，作为普通人也不可避免地与电打交道。为了帮助更多的人了解电、用好电，同时也帮助电工技术爱好者学技术、用技术，作者编著了本书。

在编写过程中，我们从农村和乡镇企业的实际需要出发，在内容上力求简明实用，并采用深入浅出、图文并茂的表达方式，使内容通俗易懂，让广大读者学得会、用得上。本书重点介绍了农村和乡镇企业生产中常用的电气设备、农村电力网、家庭用电的基本知识及其常见故障和处理方法，同时还重点介绍了安全用电、节约用电的实用技术和方法，另外还介绍了常用家电的选购及使用维护方面的知识、技巧。

本书共 7 章，主要包括：新农村电气化建设要求；农村电价政策；农村供电系统；农村低压配电线路及电器安装；家庭用电及电气照明；农村生产用电设备；家用电器的选购和使用；安全用电；节约用电等内容。

参加本书编写的人员如下：山东农业大学赵法起（第一章、第三章）、郗忠梅（第四章、第六章）、娄伟（第五章、第七章）；刘凤玲（第二章、参编第五章），魏光村（参编第三章）、卢嘉（参编第六章、第七章）；马萍（参编第四章）葛怀斌参与了本书部分内容的编写、插图的绘制和校对工作。全书由赵法起统编。

在本书写作过程中，我们参考了大量的书刊杂志及部分网站中的相关资料，并引用其中一些内容，难以一一列举，在此一并向有关书刊和资料的作者表示衷心感谢。

由于作者水平有限，加之时间仓促，书中不足之处在所难免，敬请广大读者批评指正。

目 录

第一章 农村电气化概述 ·· 1
  第一节 电气化时代的新农村 ······································ 1
    一、电气化与农业生产 ·· 1
    二、电气化与农村经济 ·· 4
    三、电气化与生活 ·· 5
    四、电气化与生态保护 ·· 6
  第二节 新农村电气化建设要求 ···································· 7
    一、建设要求 ·· 7
    二、新农村电气化村评价标准（试行） ······························ 8
    三、新农村电气化乡（镇）标准（试行） ···························· 9
    四、新农村电气化县标准（试行） ·································· 10
  第三节 农村电价政策简介 ·· 11
    一、农电价格管理概况 ·· 11
    二、我国现行电价分类 ·· 12
    三、实行分类电价的原因 ·· 14

第二章 农村供电系统 ·· 16
  第一节 电能的产生和电力系统 ···································· 16
    一、电能的生产—发电 ·· 16
    二、新能源和可再生能源发电 ······································ 20
    三、输电、配电与用电 ·· 23
  第二节 农村电力网 ·· 25
    一、农村电力网的组成 ·· 25
    二、农村电力网的特点 ·· 26

三、农村供电方式的选择 ·················· 28
　　　四、农村变电所 ······················ 29
第三章　农村低压配电线路及电器安装 ············ 31
　第一节　农村低压配电线路 ················· 31
　　　一、农村低压电网 ····················· 31
　　　二、低压架空线路 ····················· 33
　　　三、接户线和进户线 ··················· 36
　　　四、低压地埋线路 ····················· 39
　　　五、电力电缆线路 ····················· 43
　第二节　室内线路的配线和安装 ············· 45
　　　一、常用配线方式及要求················ 46
　　　二、塑料护套线配线 ··················· 48
　　　三、塑料线槽配线 ····················· 50
　　　四、线管配线 ························· 54
　　　五、硬质阻燃 PVC 塑料管暗配线 ········· 55
　　　六、导线连接方法 ····················· 59
　第三节　导线、电缆的选择 ················· 63
　　　一、电线、电缆类型的选择 ············· 63
　　　二、导线截面的选择 ··················· 65
　　　三、负荷电流的估算 ··················· 73
　第四节　常用低压电器的使用与安装 ········· 73
　　　一、刀开关 ··························· 73
　　　二、低压熔断器 ······················· 77
　　　三、低压断路器 ······················· 80
　　　四、漏电保护断路器 ··················· 83
　　　五、交流接触器 ······················· 85
　　　六、电能表 ··························· 86
　　　七、灯开关与插座 ····················· 89
　　　八、低压配电盘和配电箱 ··············· 90

第五节　电气照明 …………………………………… 92
　　　　一、常用照明电光源 ………………………………… 92
　　　　二、住宅照明 ……………………………………… 103
　　　　三、灯具、开关及插座的安装要求 ………………… 106
　　　　四、家用照明配电箱及室内线路的选配 …………… 107
　　　　五、保护接地的实现 ………………………………… 109
　　　　六、道路及公共庭院照明 …………………………… 109
　　　　七、住宅电气造价指标分析 ………………………… 110
　　第六节　供电线路常见故障检修 …………………… 110
　　　　一、短路 …………………………………………… 111
　　　　二、断路 …………………………………………… 112
　　　　三、漏电 …………………………………………… 113

第四章　农村生产用电设备 ……………………………… 114
　　第一节　农村配电用电力变压器 …………………… 114
　　　　一、变压器的种类和型号 …………………………… 114
　　　　二、变压器的铭牌 ………………………………… 116
　　　　三、常用电力变压器主要技术数据 ………………… 118
　　　　四、电力变压器的使用和维护 ……………………… 120
　　　　五、变压器的故障检查 ……………………………… 121
　　第二节　农村常用电动机 …………………………… 122
　　　　一、农业生产常用的电动机 ………………………… 122
　　　　二、三相笼型异步电动机的结构 …………………… 123
　　　　三、农用电动机的选择 ……………………………… 124
　　　　四、电动机控制电器及连接导线的选择 …………… 129
　　　　五、三相异步电动机的使用与维护 ………………… 129
　　　　六、三相异步电动机的常见故障及处理方法 ……… 136
　　　　七、单相异步电动机的使用与维护 ………………… 139
　　第三节　农村常用电工工具 ………………………… 141
　　　　一、电工刀 ………………………………………… 141

二、低压验电器 …………………………………… 141
　　三、钢丝钳 ………………………………………… 142
　　四、螺丝刀 ………………………………………… 142
　第四节　农村常用电工仪表 …………………………… 143
　　一、万用表 ………………………………………… 143
　　二、钳形电流表 …………………………………… 151
第五章　家用电器的选购和使用 ………………………… 153
　第一节　电视机的选购和使用 ………………………… 153
　　一、电视机的选购要点 …………………………… 153
　　二、电视机的使用和保养 ………………………… 159
　第二节　电冰箱的选购和使用 ………………………… 161
　　一、电冰箱的选购要点 …………………………… 161
　　二、电冰箱的使用和保养 ………………………… 164
　第三节　空调机的选购和使用 ………………………… 166
　　一、空调机的选购要点 …………………………… 166
　　二、空调的使用和保养 …………………………… 169
　第四节　洗衣机的选购和使用 ………………………… 171
　　一、洗衣机的选购要点 …………………………… 171
　　二、洗衣机的使用和保养 ………………………… 173
　第五节　家用电脑的选购和使用 ……………………… 174
　　一、家用电脑的选购原则 ………………………… 174
　　二、家用电脑的使用和保养 ……………………… 177
　第六节　家庭影院的选购和使用 ……………………… 179
　　一、家庭影院的选购要点 ………………………… 179
　　二、家庭影院的使用和保养 ……………………… 183
　第七节　微波炉、电饭煲的选购和使用 ……………… 184
　　一、微波炉、电饭煲的选购要点 ………………… 184
　　二、微波炉、电饭煲的使用和保养 ……………… 187
　第八节　电动自行车的选购和使用 …………………… 189

一、电动自行车的选购要点 ………………………………… 189
　　　二、电动自行车的使用与保养 …………………………… 192
　　　三、电池的使用与保养 …………………………………… 193
第六章　农村安全用电 …………………………………………… 195
　第一节　接地与防雷的一般知识 ……………………………… 195
　　　一、为什么接地 …………………………………………… 195
　　　二、接地的种类 …………………………………………… 196
　　　三、防雷 …………………………………………………… 202
　第二节　农村防雷 ……………………………………………… 208
　　　一、我国雷灾概况 ………………………………………… 208
　　　二、我国农村雷害事故多的原因 ………………………… 209
　　　三、农村防雷 ……………………………………………… 210
　第三节　安全用电 ……………………………………………… 218
　　　一、电流对人体的危害 …………………………………… 218
　　　二、触电事故的分布规律 ………………………………… 221
　　　三、常见触电形式 ………………………………………… 223
　　　四、农村安全用电须知 …………………………………… 225
　　　五、漏电保护器 …………………………………………… 227
　　　六、插座的正确使用 ……………………………………… 230
　第四节　触电的急救处理 ……………………………………… 233
　　　一、迅速脱离电源 ………………………………………… 234
　　　二、急救处理 ……………………………………………… 234
　　　三、口对口人工呼吸法 …………………………………… 236
　　　四、胸外心脏按压法 ……………………………………… 237
　　　五、外伤的处理 …………………………………………… 239
　　　六、急送医院 ……………………………………………… 239
第七章　节约用电 ………………………………………………… 240
　第一节　生产用电节约措施 …………………………………… 240
　　　一、改善农网布局，合理选择供电半径 ………………… 240

二、合理敷设线路，降低线路损耗 …………… 241
　　三、合理选择使用电动机 ………………………… 242
　　四、合理选用变压器 ……………………………… 244
　　五、提高功率因数 ………………………………… 245
　第二节　照明节电 …………………………………… 247
　　一、充分利用天然光 ……………………………… 247
　　二、合理选择照度和照明方式 …………………… 248
　　三、合理选择照明灯具 …………………………… 250
　　四、节能光源 ……………………………………… 251
　　五、其他节能措施 ………………………………… 251
　第三节　空调机的节能 ……………………………… 251
　第四节　其他家电的节能 …………………………… 254
　　一、电冰箱的节能 ………………………………… 254
　　二、电视机的节能 ………………………………… 255
　　三、洗衣机的节能 ………………………………… 256
　　四、电饭锅的节能 ………………………………… 257
　　五、抽油烟机的节能 ……………………………… 257
　　六、微波炉的节能 ………………………………… 258
　　七、电脑的节能 …………………………………… 258
　　八、电热水器的节能 ……………………………… 259
问题索引 ………………………………………………… 261
参考文献 ………………………………………………… 265

第一章 农村电气化概述

第一节 电气化时代的新农村

新农村建设的目标是"生产发展、生活宽裕、乡风文明、村容整洁、管理民主",实现这一目标,除了政策以外,诸多重要物质基础则是必需。电力,无疑首当其冲。

在目前的技术条件下,电力是一切现代化的重要物质基础,自然也是农业生产机械化和自动化的重要技术基础。电气化是人类社会发展的必然阶段,实现农村电气化对发展农业生产,繁荣农村经济,促进精神文明建设,推动农业现代化具有十分重要的意义。因而,要实现我国农业现代化与农民生活奔小康都离不开农村电气化。尤其是在推进新农村建设中,除了农户生活照明需要用电以外,发展设施农业、农产品加工业、乡镇企业、农民的文化生活、农村环境的美化亮化等,都需要电力的支持。电力与农村经济的发展、农民生活的改善、现代农业的推进是息息相关、密不可分的;推进农村电气化建设,是新农村建设的一个重要组成部分,也是我国电力工业自身现代化的重要组成部分,没有农村电气化就没有农业的现代化和国民经济的现代化。

一、电气化与农业生产

农业现代化首先是农业生产条件现代化。所谓现代化的生产条件就是用现代的物质技术装备农业,改变传统落后的生产手段,在农业中广泛使用机械和电力,实现农业机械化、电气化乃至自动化。农业机械化是指农业生产各个环节和整个过程,逐步由播种机、脱粒机、饲草收割机、水利灌溉设备等现代机械取代人力畜力及手工工具,从而降低劳动强度,提高劳动效率。

农业机械化是农业现代化的中心环节。它凝聚着现代科学技术的最新成果，并配合农业生物等农业技术，成为发挥农业增产作用的基本手段及提高劳动生产率、减轻繁重体力劳动的必要条件和根本途径。农业电气化是在农业中广泛使用电能的过程，它是实现农业高产、高效、低耗、少污染的重要手段。农业电气化实质上是以电力为能源的机械化，是农业机械化的高级阶段。电气化不仅可以促进农业机械化，也可使农业实现生产过程自动化。

传统种植业：从选种、育秧、耕地、播种、施肥、除草、灌溉到收割、脱粒、烘干、仓储、加工、包装、运输等所有环节可以实现机械操作和高度电气化。

畜牧养殖业：饲料作物除从种到收、运贮可以实现全部机械化以外，其饲料加工、送料以及畜牧业的供水、喂食、通风、换气、采光、取暖、除粪、挤奶、集蛋、杀菌等作业都可自动进行，家畜不但可因此而获得适宜的环境，而且能获得良好而经济的营养，从而保证畜产品的稳定高产（参见图1-1）。

图 1-1　现代化养鸡场

设施农业：设施农业是用人工控制环境因子的方法来获得作物最佳生长条件，从而达到增加作物产量、改善品质、延长生长季节的目的。随着技术发展，现在已逐步由早期的简易塑料大棚、温室向具有人工环境控制设施的高度电气化、自动化、智能化与网络化的现代化大型温室和植物工厂发展。设施农业是现代农业发展方向之一，另外设施畜牧业养殖也在逐渐兴起。设施农业高度依赖电气化（参见图1-2）。

图1-2 设施农业

农村电气化的发展，在一定程度上解决了靠天吃饭的问题，为农业生产抗旱排涝、农副产品加工提供了保证，保证了农业生产的丰产丰收。

二、电气化与农村经济

电能在使用上洁净、方便、安全、高效的特点是其他能源无法替代的，在农业的特殊条件下充分显示了它的优越性：

1. 提高农业生产效率，解放劳动力

农业生产劳动强度大、占用人力多、劳动条件差，利用电能可有效地改善这种状况。如 1kW（千瓦）的电动机即可取代约 14 个人的手工劳动。电动机结构简单牢固，工作可靠，使用操作简单，与内燃机相比，不要求复杂的技术，不需要加油加水，不怕雨淋冰冻，并有很高的技术完好率；电动机还可完成其他动力机械难以甚至无法完成的作业，如在高原和严寒条件下的作业，潜水电机的水下作业等。

电能分配的灵活性和输送的方便性非常适合于农业区域辽阔、负载分散等特点。机械能和热能只能在有限的空间传输，而电能传输的范围几乎是无限的。在大型、宽幅和联合田间作业机组上用电力传动取代机械传动，可以大大减轻机具重量，降低材料消耗和能耗，提高作业质量。

电气化机械的作业意味着生产效率的提高，劳动强度的下降，必然带来人的解放，从而为农民务工和创业创造条件。

2. 充足的电力供应促进乡镇工业、私营企业的发展

电通财通。有了农村电气化，农民可以建温室大棚，可以搞生态农业、特色养殖，走上自己的致富路。

乡镇工业是乡镇经济的重要组成部分，是区域经济工业化的重要推动力，也是解决农村、农民、农业问题的重要途径。乡镇工业和私营企业发展起来了，农民就业的机会也就增多了，收入也随之增加。电力是兴办企业的基础。随着电气化程度的提高可以提升企业的技术含量和自动化程度，可以促进农产品的深度加工和产业链拉长，创造更高的经济效益。乡镇工

业的发展可以使工业比重加大，传统农业比重减少，改善农村产业结构。以电兴工、以电促农，扩大农业收入。从多年来农村用电结构和用电比例的变化中可以看到，电力已从早期的仅供农村照明和排灌用电，转变为农村生产和生活各个方面广泛普及；用电比例从以农村排灌占主导地位，转变为以乡镇企业用电和农民生活用电为主的新局面，标志着农村经济的迅速发展（乡镇企业见图1-3）。

图1-3　乡镇企业职工在工作

三、电气化与生活

农村电力有了充足可靠的供应，城市居民使用的各种家用电器已逐步在农村居民中得到普及，广大农民从传统落后的生活方式开始进入了文明时代。随着农村经济的发展，农民的精神文化生活和物质生活质量的逐年提高，缩小了城乡差别（农家生活见图1-4）。

图1-4 农家生活

四、电气化与生态保护

电气化增加了农村的能源供应，改善了农村能源结构，在保护环境上同样发挥着巨大作用。随着电气化建设的深入，农民可以以电代柴、以电代煤，可以大大减少农村烧柴烧煤量，减轻环境污染，使林木和植被得到有效保护，从而改善生态环境。

水能资源丰富的地区，可以大力发展小水电，将当地的水能资源转变为廉价的电力；生物质发电具有广阔的应用前景，不但可以使现在作为废弃物的庄稼秸秆变成清洁的电能，秸秆变成钱，还避免了燃烧造成的污染；特别适合广大农村地区，前景极其诱人的太阳能光发电，随着技术上的进一步突破必带来其造价的进一步降低，太阳能发电进入千家万户是可以预期的！

农村电气化建设的目的是促进当地经济发展，脱贫致富，早日实现现代化。新农村电气化建设是农民的致富杠杆，必将撬动农村经济的大发展。

第二节　新农村电气化建设要求

建设社会主义新农村是我国现代化进程中的重大历史任务，发展农村电力事业，是建设社会主义新农村的重要组成部分。在新的历史起点，国家电网公司提出了实施"新农村、新电力、新服务"的农电发展战略，既体现了新农村建设和社会发展对电力工作的客观要求，也是农电事业创新发展的必然选择，对加快农村电气化建设、促进农电管理、提升服务质量有着重要的现实意义。

国家电网公司实施"新农村、新电力、新服务"的农电发展战略，就是落实"生产发展、生活宽裕、乡风文明、村容整洁、管理民主"的社会主义新农村建设的总体要求，加快农电发展步伐，促进农村走上生产发展、生活富裕、生态良好的文明发展道路。为便于指导、评价、推动新农村电气化建设工作，国家电网公司于2006年颁布了新农村电气化建设标准及相关实施意见，其基本内容简要介绍如下。

一、建设要求

新农村电气化建设的总体要求是"户户通电、供电可靠、安全经济、供用和谐"，其基本含义如下：

户户通电：农村居民户户通电，电力在农民生活、农村经济和社会建设中得到广泛应用，农业生产基本实现电气化。

供电可靠：电网发展规划科学、布局合理、装备先进、管理规范，提供充足、可靠的电力供应。

安全经济：供电生产安全稳定，电网运行经济环保，用电价格规范合理，安全用电水平较高。

供用和谐：政府、企业、客户和谐互动，供用关系协调有序，供电服务优质高效，设施保护群策群力。

二、新农村电气化村评价标准（试行）

1. 用电水平

（1）户通电率100%；

（2）人均年生活用电量：东部不小于240kW·h（度），中西部不小于150kW·h；

（3）农副产品加工基本实现电气化。

2. 电能质量及降损节能

（1）居民客户端电压合格率不小于96%；

（2）台区低压线损率不大于10%。

3. 配电设施与管理

（1）村配电网络结构合理，与村庄整体布局协调统一。接户线和用户配电装置安装规范、标准；

（2）台区低压线路供电半径不超过0.5km（千米）；

（3）配电台区设备配置完善，均采用节能型设备；

（4）低压配电装置完好率达到100%，其中一类设备达到95%以上；

（5）满足用电需求，不发生由于配电网供电能力不足造成的限电。

4. 用电管理

（1）成立有村委会领导参加的用电协调组，协助供电所搞好村域内的电网规划、用电管理、安全管理和电力设施保护工作，供用电秩序和谐规范；

（2）生活照明用电实行"一户一表"，低压进户线按每户不小于4kW容量配置，铝芯绝缘导线截面不小于6mm^2（平方毫米），铜芯绝缘导线截面不小于2.5mm^2；

（3）供电企业与客户全部签订供用电合同；

（4）未发生农村触电伤亡事故。

5. 供电服务

（1）服务承诺兑现率100%；

（2）客户评价满意率不小于98%。

三、新农村电气化乡（镇）标准（试行）

1. 新农村电气化村建设水平

全乡（镇）所有行政村中，经省公司发文确认达到国家电网公司"新农村电气化村标准"的行政村比率不低于30%。

2. 用电水平

（1）户通电率达到100%；

（2）全乡（镇）人均年生活用电量：东部不小于200kW·h，中西部不小于130kW·h；

（3）农副产品加工基本实现电气化。

3. 电能质量及降损节能

（1）供电可靠率RS3不小于99.3%；

（2）居民客户端电压合格率不小于96%；

（3）10kV（千伏）综合线损率不大于7%；

（4）低压线损率不大于10%。

4. 电网设施与管理

（1）供电可靠。全乡（镇）至少有1座35kV及以上变电所，并实现双电源供电；

（2）线路供电半径：10kV线路供电半径不超过15km，低压线路供电半径不超过0.5km；

（3）变电所全部实现无人值班，变电所有载调压主变比率100%，节能型主变比率100%，配电变压器均为S7及以上低损变压器，10kV及以上开关无油化率100%；

（4）输、变、配电设备完好率达100%，其中一类设备达95%以上；低压配电装置完好率达95%以上，其中一类设备90%以上；

（5）电网发展满足当地经济社会发展的用电需求，不发生由于电网输送能力不足造成的拉限电。

5. 用电管理

（1）成立有乡（镇）政府领导参加的用电协调组，协助县供电企业搞好电网规划、用电管理、安全管理和电力设施保护工作，供用电环境有序、规范；

(2) 生活照明用电采用"一户一表"；

(3) 供电企业与客户全部签订供用电合同。

6. 供电服务

(1) 服务承诺兑现率100%；

(2) 客户评价满意率不小于98%；

(3) 供电营业窗口达到规范化服务标准要求。

四、新农村电气化县标准（试行）

1. 新农村电气化乡（镇）建设水平

全县所有供电所中，至少有20%的供电所获得国家电网公司"新农村电气化乡（镇）建设示范单位"称号。

2. 用电水平

(1) 户通电率达到100%；

(2) 全县人均年用电量：东部不小于2 300kW·h，中西部不小于1 400kW·h；

(3) 全县人均年生活用电量：东部不小于260kW·h，中西部不小于170kW·h。

3. 电能质量及降损节能

(1) 供电可靠率RS3不小于99.5%；

(2) 综合电压合格率不小于97%；

(3) 综合线损率不大于7%；

(4) 低压线损率不大于11%。

4. 电网设施与管理

(1) 县（市、区）政府把农村电气化建设纳入了地方经济发展规划和新农村建设规划；

(2) 电网可靠、布局合理。110（66）kV、35kV变电所实现双电源供电，县城10kV主干线采用环网供电、开环运行接线方式，110（66）kV、35kV电网容载比为1.8~2.1；

（3）变电所全部实现无人值班，变电所有载调压主变比率达80%以上，节能型主变比率100%，配电变压器均为S7及以上低损变压器，10kV及以上开关无油化率100%；

（4）输、变、配电设备完好率达100%，其中一类设备达95%以上；低压配电装置完好率达95%以上，其中一类设备90%以上；

（5）县调自动化系统达到实用化要求；

（6）电网发展满足地方经济社会发展的用电需求，不发生由于电网输送能力不足造成的拉限电。

5. 供电服务

（1）依法供用电，建立和谐有序的供用电环境；

（2）95598客户服务系统达到实用化要求，具备咨询、查询、投诉、报修功能；

（3）服务承诺兑现率100%；

（4）客户评价满意率不小于98%；

（5）供电营业窗口规范化服务达标率100%。

新农村电气化建设标准既有供电可靠率、电压合格率、线损率等对供电企业内部指标的要求，又有社会用电量、客户满意率等外部因素决定的标准，是一个全面的指标体系，是企业标准和社会需求的统一。农村电气化建设是"新农村、新电力、新服务"农电发展战略的重要组成部分，通过实施新农村电气化建设标准，将大幅度提高农网供电能力和供电质量，提高农电的管理和服务水平，改善农村生产、生活用电条件，为新农村建设奠定坚实的基础。

第三节 农村电价政策简介

一、农电价格管理概况

农村电价是指乡镇电管站用电总表以下各类用电的价格，包括农村居民照明、农业生产、乡镇企业、农副产品加工、排灌用电价格等几类。

农村电价是在国家电网直供电价的基础上,顺加以下三部分附加费组成。即:① 农村低压线损电量均摊费;② 低压线路维护管理费;③ 乡村电工合理报酬。在国家实施农网改造之前,农村电价普遍远高于城市电价。城乡电网投融资体制和管理体制不同,是造成农村电价高于城市电价的根本原因。农村低压电网由农民自己建设管理,发生的电能损耗、运行维护费用和农村电工的报酬,都要由农民平摊,造成农村电价必然要高于城市。其次,农村电网设备陈旧,变线损过高,布局不合理,造成供电不经济,电能损耗过大,也是农村电价过高的客观原因。第三、农村电力管理混乱,乱加价、乱收费问题严重,也是农村电价居高不下的重要原因。

1998年,党中央、国务院作出了改造农村电网、改革农电管理体制、实现城乡用电同网同价"两改一同价"的重大部署。截止到2004年,国家6年中陆续投入资金2 885亿元,对农村电网进行改造,降低农村电网供电损耗,提高了供电质量和可靠性,同时大幅度精简了农村电工,终于实现了城乡居民用电同价。农村居民生活电价比城乡用电同价前平均每千瓦时降低约0.23元。

二、我国现行电价分类

根据国家发展和改革委员会《销售电价管理暂行办法》的规定,现行销售电价按照用户的用电用途划分为:居民生活用电;非居民照明用电;商业用电;非工业、普通工业用电;大工业用电(单列化肥生产用电等);贫困县农业排灌电价;农业生产用电等几类(各省市规定通常略有差异)。

1. 居民生活用电

居民生活用电指城乡居民住宅及其附属设施(指楼道灯、住宅楼电梯、水泵、小区及村庄内路灯、物业管理、门卫、消防、车库）等生活用电，以及幼儿园、小学、所有中等教育（指小学毕业到大学专科教育以前阶段的教育）学校的教育用电（不包括其所办企业的生产经营性用电），高校的学生公寓、宿舍、食堂、浴室等用电。

2. 普通工业、非工业用电

普通工业用电：用户受电变压器容量在 315kVA（千伏安）以下的工业用电。

非工业用电：机关、医院、研究机构、试验单位等用电；铁道、邮政、电信、管道输油、航运、电车、电视、广播、仓库（仓储）、码头、车站、停车场、飞机场、下水道、路灯、广告（牌、箱）、体育场（馆）、公路收费站等用电；临时施工用电；农贸市场用电；公用发电厂受大网的电量等。

3. 大工业用电

大工业用电是指凡以电为原动力，或以电冶炼、烘焙、熔焊、电解、电化的一切工业生产，受电变压器总容量在 315kVA 及以上的大工业用户。

4. 商业用电

指从事商品交换、提供有偿服务等非公益性场所的用电。从事商品交换或提供商业性、金融性、服务性的有偿服务等非公益性场所的用电。主要包括以下几个方面：服务业、商品销售业、文化娱乐和休闲业、金融交易业等。

5. 农业排灌、脱粒用电

指农作物排灌、脱粒及农村防汛、抗旱临时用电。贫困县农业排灌用电指省确定的享受贫困县扶持政策的农业排灌用电。

6. 农业生产用电

指农村、农场、牧场、林场、养殖场的电犁、打井、脱粒、打场、灌溉抽水（除稻田排灌用电）、积肥、育秧、灯光捕虫、非经营性的农民口粮加工和牲畜饲料加工、种植或栽培果树、蔬菜、茶、桑、园艺、植树造林、牲畜饲养、水产养殖以及捕捞等的农业用电。

需要说明的是，针对农业生产用电各地规定不一，有些项目执行农业电价而有些项目则执行非、普工业电价。上述问题的彻底解决，有待于电价分类体系的进一步改革。国家发改委设立的销售电价分类改革的目标，是将电价分为居民生活用电、农业生产用电、工商业及其他用电三类。

三、实行分类电价的原因

工业产品都是以不同产品、不同质量和不同规格分别定价的，不同的消费者如购买同样的商品，其价格基本是一样的。但是电能的价格与其他商品不一样，而是对不同的消费者，则会因其用途不同而实行分类电价。

主要原因是：① 按照用户不同的用电性质、用电时间、用电容量，所占用电力企业不同的成本比例，分别定价；② 电价制定不但要以成本为基础，还要充分发挥价格的经济杠杆作用，根据不同类型用户制定不同电价，以促进用户合理用电。如实行两部制电价、分时电价等；③ 国家政策为了扶持农业生产以及其他某些工业产品，在用电上规定给予价格优待，以促进国民经济协调发展；④ 按电压等级将电压低的电价定得略高，中压电价稍高，高压供电电价定得最低，主要是考虑到用户的投资和用电量的多少，以及用电性质、线路损耗等。

某市 2008 年电价价目表参见表 1-1，由表中数据不难看出，国家对农业生产用电实行贴补政策。

某市电价价目表 表 1-1

用 电 分 类		电价 [分/(kW·h)]
一、大工业 (一) 基本电价	变压器容量 [元/(kVA·月)]	18.00
	最大需量 [元/(kW·月)]	27.00
(二) 电度电价	1~10kV	66.24
	35~110kV	65.24
	220kV 及以上	64.24

续表

用 电 分 类		电价 [分/(kW·h)]
二、非工业、普通工业电度电价	不满1kV	86.04
	1~10kV	85.04
	35kV 及以上	84.04
三、商业电度电价	不满1kV	108.74
	1~10kV	107.74
	35kV 及以上	106.74
四、居民生活电度电价		61.00
五、稻田排灌、脱粒电度电价		34.70
六、农业生产电度电价		61.00

第二章 农村供电系统

第一节 电能的产生和电力系统

电力是国民经济的命脉,是经济发展的保障。电能具有转换容易、输送经济、控制方便等优点。因此,它的用途很大,使用范围非常广泛。现代生产和生活中,到处都离不开电,不仅是生活中的照明电灯、生产中的电动机、通信用的电话要用电,就是汽车、摩托车也要有电的配合才能正常工作。

一、电能的生产—发电

电能是由发电厂生产的。发电厂又称发电站,是将自然界存在的各种一次能源转换为电能的特殊工厂。

发电厂按其所利用的能源不同,分为水力发电厂、火力发电厂、核能发电厂以及风力发电厂、地热发电厂、太阳能发电厂等类型。

1. 火力发电

利用煤、石油、天然气等自然界蕴藏量极其丰富的化石燃料发电称为火力发电。按发电方式,它可分为汽轮机发电、燃气轮机发电、内燃机发电和燃气–蒸汽联合循环发电,还有火电机组既供电又供热的"热电联产"。火力发电厂的燃料主要有煤、石油(主要是重油、天然气)。火力发电厂外景见图2-1。

2. 水力发电

天然的水流所蕴藏的位能或动能统称为水能或称水力资源。水力是一种宝贵的自然资源,是取之不尽用之不竭的可再生能源,而且是洁净的能源。利用水能的最普遍的形式是建设水电站,利用江河水流从高处流到低处存在的位能进行发电,称为水

图 2-1 火力发电厂外景图

力发电。当江河的水由上游高水位，经过水轮机流向下游水位时，以所具流量和落差做功，推动水轮机旋转，带动发电机发出电力。水轮发电机发出的功率与上下游水位的落差（即水头）和单位时间流过水轮机的水量（即流量）成正比。世界各国都竞相优先开发水力发电，作为电力工业的重要组成部分。我国幅员辽阔，河川纵横，是世界上水力资源最丰富的国家之一，水力资源的蕴藏量达 6.8 亿 kW，约占全世界的 1/6，居世界第一位，可能开发的容量约 4 亿 kW，年发电量 1 万～2 万亿 kW·h 左右。这相当于每年提供 4 亿～8 亿 t（吨）标准煤或 3 亿～6 亿 t（吨）重油的能量。

1992 年始建的世界最大水利枢纽工程——长江三峡水利枢纽工程（图 2-2），将安装 26 台 70 万 kW 的水轮发电机组，供电范围跨华中、华东和西南三大电网，今后还将与华北、华南联网，在电力系统中地位十分重要。三峡工程全部建成后，三峡水库将是一座长达 600km（公里），最宽处达 2 000m（米），面积达 10 000km^2（平方公里），水面平静的峡谷型水库，水电站年发电量可达近 1 000 亿 kWh。三峡工程在持续 17 年施工后，将在 2009 年全面建成。某小型水电站见图2-3。

图 2-2　长江三峡水利枢纽

图 2-3　某小型水电站

3．核能发电

核能指原子核能，又称原子能，是原子结构发生变化时放出的能量。目前，从实用来讲，核能指的是一些重金属元素铀、钚的原子核发生分裂反应（又称裂变）或者轻元素氘、氚的原子核发生聚合反应（又称聚变）时，所放出的巨大能量，前者称为裂变能，后者称为聚变能。通常所说的核能是指受控核裂变链式反应产生的能量。

核能的特点是能量高度集中。1kg（千克）铀-235裂变释放的能量相当于2 700t标准煤燃烧释放的能量。一座100万kW的火电站一年燃烧标准煤约230万t，而一座100万kW的核电站一年消耗核燃料约30t。经过三十多年来的艰苦努力，我国核电实现了从无到有，取得了显著成绩。目前，已建成了大亚湾核电站、秦山核电站一、二、三期、岭澳核电站一期，正在建设江苏田湾核电站、岭澳核电站二期、秦山核电站二期扩建项目、广东阳江核电站、浙江三门核电站、辽宁红沿河核电站一期等核电项目。国内有20多个省市提出了核电建设规划，我国核电事业进入了加快发展的新阶段。根据国家提出的核电中长期规划，到2020年，我国建成核电装机容量将达到4 000万kW，在建1 800万kW，核电在我国电力总装机容量中所占的比例将从现在的2%增加到约4%。秦山核电站外景见图2-4。

图2-4　秦山核电站

二、新能源和可再生能源发电

1. 风力发电

通常所说的风能是空气流动所具有的动能。风力发电就是将空气流动的动能转变为电能。大风包含着很大的能量,风速为 9~10m/s(米/秒)的五级风吹到物体表面上的力,每平方米面积上约 10kg,风速为 20m/s(米/秒)的九级风吹到每平方米面积上的力约为 50kg,风速为 50~60m/s(米/秒)的台风这个力可达 200kg。风中含有的能量比人类迄今所能控制的能量高得多,风力是地球上重要的能源之一。某风力发电场见图 2-5。

图 2-5 某风力发电场

2. 地热发电

地热能就是地球内部的热释放到地表的能量。地球内部包含着巨大的热量,由于这一热量的影响,地球表层以下的温度随深度逐渐增高,大部分地区每深入 100m,温度增加 3℃,以后其增长速度又逐渐减慢,到一定深度就不再升高了,估计地核的温度在 5 000℃ 以上。现在能被我们控制利用的地热能主要是地下热水、地热蒸汽和热岩层。我国地热资源相当丰富，但温度偏低，可以用来发电的主要集中在西藏和滇西一带。我国在地热发电方面，已建成闻名世界的西藏羊八井电站，现有装机容量达到 25MW（兆瓦），发电方式是将地热井出来的汽水混合物经汽水分离器分离出来的蒸汽送入汽轮机，分离出来的热水经减压扩容产生的蒸汽也送入汽轮机。羊八井地热电站的出力稳定，其发电量已占到拉萨电网的 40%。

3. 太阳能发电

太阳能就是太阳辐射能。由于太阳的温度很高，它不断地向宇宙空间辐射能量，包括可见光、不可见光和各种微粒，总称为太阳辐射。太阳能发电系统可分为太阳能热发电和太阳能光发电两类。太阳能热发电就是利用太阳能将水加热，使产生的蒸汽去驱动汽轮发电机组。根据热电转换方式的不同，把太阳能电站分为集中型太阳能电站和分散型太阳能电站。塔式太阳能电站是集中型的一种，即在地面上敷设大量的集热器（即反射器）阵列，在阵列中的适当地点建一高塔，在塔顶设置吸热器（即锅炉），从集热器来的阳光热聚集到吸热器上，使吸热器内的工作介质温度提高，变成蒸汽，通过管道把蒸汽送到地面上的汽轮发电机组发电。太阳能光发电是利用太阳电池组将太阳能直接转换为电能。太阳电池由单晶硅或非晶硅薄膜制成，转换效率最多为 10%～17%。太阳电池发出直流电，而且要随阳光的强弱变化，所以还得配备逆变器（将直流电变为交流电）、蓄电池和相应的调控设备。太阳能光发电已广泛用于人造地球卫星和宇航设备上，也可作为孤立地区的独立电源。然而将来其造价进一步降低之后，太阳能发电将进入千家万户。家用太阳能光伏发电系统如图 2-6 所示。

4. 海洋能发电

海洋能是海流动能、海洋热能、潮汐能和波浪能等的总称。海洋能用于发电有海流发电、海洋温差发电、波浪发电和潮汐发电等几种方式。目前成熟的只有潮汐发电。

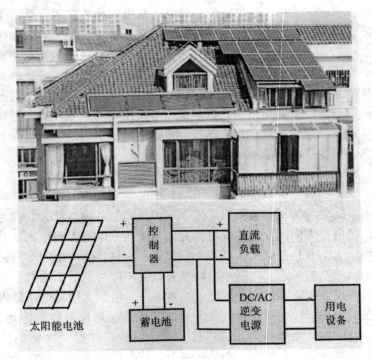

图 2-6 家用太阳能光伏发电系统

5. 生物质能发电

生物质能来源于生物质。生物质是各种生命体产生或构成生命体的有机质的总称,生物质所蕴含的能量称为生物质能。可用于转化为能源的有机质资源统称为生物质能资源。生物质能资源可以分为农林废弃物(农作物秸秆、果树枝等农业废弃物,林业加工废弃物等)、能源植物、城市和工业有机废弃物、禽畜粪便等。生物质发电目前主要以秸秆发电、沼气发电与生物质气化发电为主,它们都有一定的发展空间,也正在大力开发中。

截止到 2008 年底,全国电力总装机已超过 7.9 亿 kW。目前,整个电力装机中占比例最大的仍然是火电,占到 75.9%,水电 21.6%。风电发展最快,总装机翻了一番超过 894 万 kW;

其次是核电,达到 912 万 kW,风电、核电等清洁能源加起来所占的比例约 2%。

三、输电、配电与用电

目前,我国工业、农业以及其他电力用户所需的电能多数是由生产电能的火力和水力发电厂供给。发电厂可位于用户附近,也可距用户很远。但在任何情况下,电能总是从发电厂经过线路输送给用户。为了充分利用动力资源,减少燃料运输,降低发电成本,因此,有必要在有水力资源的地方建造水电厂,而在有燃料资源的地方建造火电厂。但这些有动力资源的地方,往往离用电中心较远,所以必须用高压输电线路进行远距离输电。电压等级越高,电流则越小,线路上产生的电能损耗也就越小。同时为了满足用户对电压的要求,输送到用户时又须降低电压,所以在发电厂与用户之间,就必须建立升压和降压变电所。

输电指的是从发电厂或发电中心向消费电能地区输送大量电力的主干渠道或不同电网之间互送电力的联络渠道,而配电则是消费电能地区内将电力分配至用户的分配手段,直接为用户服务。配电可以是将电力分配到城市、郊区、乡镇和农村,也可以是分配和供给农业、工业、商业、居民住宅以及特殊需要的用电。

输电和配电设施都包括变电站、线路等设备,所有输电设备连接起来组成输电网。从输电网到用户之间的配电设备组成的网络,称为配电网。它们有时也称为输电系统和配电系统。输电系统和配电系统再加上发电厂和用电设备就构成了电力系统(参见图 2-7)。

1. 变电站

变电站是电力系统中变换电压、接受和分配电能、控制电力的流向和调整电压的电力设施,它通过其变压器将各级电压的电网联系起来。

2. 送电线路

目前采用的送电线路有两种,一种是电力电缆,它采用特殊

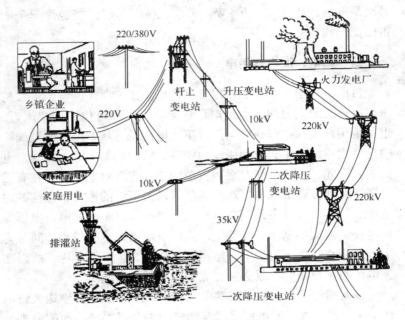

图 2-7 电力系统示意图

加工制造而成的电缆线,埋设于地下或敷设在电缆隧道中;另一种是最常见的架空线路,它一般使用无绝缘的裸导线,通过立于地面的杆塔作为支持物,将导线用绝缘子悬架于杆塔上。由于电缆价格较贵,目前大部分配电线路、绝大部分高压输电线路和全部超高压及特高压输电线路都采用架空线路。

在相同的送电电压下,送电容量越小,可输送的距离越长,反之,容量越大,则送电距离越短。另外,输送容量和距离还取决于其他技术条件和是否采用补偿措施。电力电缆一般由导线、绝缘层和保护层组成,有单芯、双芯和三芯电缆。高压架空线路一般由导线、绝缘子、金具、杆塔及其基础、避雷线、接地装置和防振锤等构成。

3. 用电

电力系统中所有用电设备消耗的功率称为电力系统的负荷。

其中把电能转换为其他能量形式（如机械能、光能、热能等），并在用电设备中真实消耗掉的功率称为有功负荷。电动机带动风机、水泵、脱粒机等机械，完成电能转换为机械能还要消耗无功。例如，异步电动机要带动机械，需要在其定子中产生磁场，通过电磁感应在其转子中感应出电流，使转子转动，从而带动机械运转。这种为产生磁场所消耗的功率称为无功功率。变压器要变换电压，也需要在其一次绕组中产生磁场，才能在二次绕组中感应出电压，同样要消耗无功功率。因此，没有无功，电动机就转不动，变压器也不能转换电压。无功功率和有功功率同样重要，只是因为无功完成的是电磁能量的相互转换，不直接做功，才称为"无功"的。电力系统负荷包括有功功率和无功功率，其全部功率称为视在功率，等于电压和电流的乘积（单位：kVA）。有功功率与视在功率的比值称为功率因数。电动机在额定负荷下的功率因数为 0.8 左右，负荷越小，其值越低；普通白炽灯和电热炉，不消耗无功，功率因数等于 1。

第二节 农村电力网

为了把巨大的电力输送到全国各地，为了提高供电的可靠性和经济性，许多发电厂都是并网发电的，所以形成了巨大的联合电力系统。电力建设是农村基础设施建设的重要组成部分，是新农村建设的重要内容，并为新农村建设提供能源支撑。推进新农村建设，同时也为农村电力发展提供了新契机。

一、农村电力网的组成

农村电力网由不同电压等级的电力线路和升压变电所、降压变电所等组成。根据农村用电来源的不同，农村电力网可分为以下两种方式。

1. 农村自建小型发电厂的方式

农村小型发电厂的类型有小型水电站、柴油发电机组、小型火电厂、风力发电站、沼气发电站、地热发电站等。将农村小型发电厂发出的电力输送到附近的乡村和城镇的用户时，需要架设输送和分配电力的线路。如果发电厂离用户比较远，还需要通过升压变电所的升压变压器升高电压后，才能将电力输送给远方的用户。当具有高电压的电力输送到用户附近时，还得再通过降压变电所的降压变压器把电压降到适合一般动力和照明用的220/380V（伏）电压。

2. 电力系统供电的方式

在城市的附近或大电力系统经过的地方，农村的电力用户往往直接从大电力系统取得电力。我国大部分农村是通过该种方式供电的。电力系统供电的农村电力网参见图2-6。

二、农村电力网的特点

1. 负荷密度低而分散

每平方公里平均用电负荷称为负荷密度。农村地域辽阔，人口居住分散，用电不集中，电力负荷密度很低。所以，农村电力网中的小容量配电变压器数量较多，配电点多而分散，配电线路较长，线路上电压降较大，电压质量较差，运行管理不方便。

2. 农村用电负荷季节性强且易受气候影响

农村用电负荷呈现较明显的季节性，一般在农作物生长和收获的春、夏、秋三季用电量较大，尤其是干旱季节用电经常处于紧张状态。暴雨时，低洼地区日夜排涝，也会造成电网的满负载甚至超负载运行，导致电网电压过低，甚至造成电动机无法启动。此外，农副产品加工用电也有很强的季节性。

3. 供电可靠性要求低，允许间歇性停电

农村用电主要是电力排灌和农副产品加工，因此供电的连续性要求相对低一些，可以采用间歇供电的方式，这对避开电力网的高峰负载时间较为有利。此外，由于许多电力设备，如排灌设备、农副产品加工机械在全年中只有很少一段时间使用，使配电变压器和线路经常处于轻负载或停用状态，所以农村电力网设备的综合利用小时较低，全年多在 1 500~3 000h（小时）。选择装机容量时应注意这方面的特点。

4. 负载的功率因数低

农村电力负载除照明用电外，一般都是小容量的交流异步电动机，安装地点分散，功率因数较低，一般为 0.6~0.7。因此必须在农村变电所的 6~10kV 母线上或在用户电动机端加装并联电容器，以提高电网的功率因数。

5. 线路损耗大

从发电厂发出来的电能，在电力网输送、变压、配电各环节中所造成的损耗，统称为线路损失（供电损失），简称线损。线损包括 10kV 及以上线路的高压线损和 380/220V 的低压线损。

线损电量占供电量的百分比称为线路损失率，简称线损率。计算公式为：

线损率 =（供电量 - 售电量）/供电量

线损是供电企业的一项重要的经济技术指标，也是衡量供电综合管理水平的重要标志。供电企业的主要任务就是要安全输送与合理的分配电能，并力求尽量减少电能损失，以取得良好社会效益与企业经济效益。经过"两改"工程后，我国农电线损指标得到了极大改善，如：据《国家电网公司 2003 年农电用电情况分析》提供的数据，2003 年国家电网公司系统全年县及县以下实际综合线损率、高压线损率和低压线损率分别为 8.17%、5.87%、11.31%。但是有些地方线损率依然偏高，个别地方低压线损率高达 20%。

根据农村电力网的特点，对其供电设备应当强调安全可靠、价廉耐用、简单成套且便于维修。例如：提高配电变压器高、低压侧熔断器的质量，保证过电流时能及时熔断；在雷电活动强烈的地区，配电变压器高、低压侧均须用避雷器保护；采用成套、价廉、耐用的杆式配电柜，以便于安装和管理等。

输送距离远、线路损耗相对较大、输送功率小，农网设备和线路的利用率低，使农网供电的成本偏高。

三、农村供电方式的选择

1. 农村供电电源的选择

农村用电一般可由地区电力网供电，但也应充分利用当地能源资源，如利用水力、劣质煤等发电，建设小型水电站或火电厂。在由电网供电的地区，农忙或突击排灌时，也可利用柴油机发电作为补充。在牧区和林区以及难于引进电网的地区，则可利用柴油机直接作为动力或发电。同时也应注意就地利用风力、地热等能源。

2. 配电电压的选择

农村电力网一般用 6~10kV 电压配电；在有 35kV 电网供电而不需要另建变电所时，也可采用 35/0.4kV 变压器直接配电。

各级电压的输送功率和配电半径之间的关系见表 2-1。

各级电压的输送功率和配电半径之间的关系　　表 2-1

电压（kV）	线路种类	输送功率（kW）	配电半径（km）
35	架空线路	2 000~10 000	20~50
10	电缆线路	5 000	5~15
10	架空线路	3 000	<10
6	电缆线路	3 000	3~10
6	架空线路	2 000	<8
0.4	电缆线路	175	0.35
0.4	架空线路	100	0.25
0.23	电缆线路	<100	0.2
0.23	架空线路	<50	0.15

3. 农村配电网的接线方式

在农村，一般采用树干式配电线路。每条主干线上可有几处分支线，但不宜过多，以免影响电压质量。农村 10kV 配电网的一般接线方式如图 2-8 所示。每个农村变电所的 10kV 出线不宜过多，通常以 4 回路为宜。

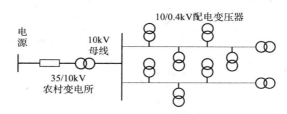

图 2-8　10kV 配电网接线方式示意图

四、农村变电所

农村变电所应有下列电气设备：

变压器：变压器是变换电压的设备，可将输电线路上的高电压变换为用户所需的低电压，或者将农村电厂发电机发出的低电压变换为高电压输送到较远地方。

开关设备：开关设备是接通和断开电路的设备，如高压断路器、隔离开关、负荷开关等。

互感器：互感器是用来测量电路中的电压、电流和功率的设备，并可作继电保护装置或开关操作的电源。互感器按其用途的不同，可分为电压互感器和电流互感器。

测量仪表：测量仪表用于监视电气设备的运行情况和进行电气测量。测量仪表有电压表、电流表、功率表、电能表、功率因数表等。

保护电器：保护电器用于反映电路和电气设备的故障，使信号系统发出故障报警信号，或作用于开关设备的操作机构使开关设备切断故障电路，或直接切断电路。保护电器有熔断器、继电器、避雷器等。

控制屏和配电屏：控制屏用来表示实际电路的状态和进行控制操作。控制屏除装有测量仪表外，还有变电所主接线的模拟电路、操作键或操作按钮等。

配电屏大多用于低压配电操作，配电屏上装有测量仪表、开关、熔断器、互感器等。

第三章 农村低压配电线路及电器安装

第一节 农村低压配电线路

农村低压配电线路，是指由 220/380V 电压级供电的电力线路。线路结构可分为架空式和地埋式两种。这种电路适用于输送电能到比较近的地方，作为动力和照明电源，由于农村用电分散，供电面广，季节性强，配电线路多以配电变压器为中心，采用向四周引出线路的方式，即采用放射型供电的方式。

农村低压线路的配电方式有单相两线制、三相三线制和三相四线制等方式。单相两线制是指交流 220V 低压线路，常称照明线路，一般用于照明和家用电气设备的用电，三相三线制是指交流 380V 低压线路，又叫动力线路，一般用于动力设备用电；三相四线制适用于 220V 和 380V 的混合用电方式，既可用于照明，也可用于动力设备。相线间电压为 380V，相线与中性线间电压为 220V。

一、农村低压电网

1. 农村电力负荷等级和电压等级

电力负荷分为三个等级：中断供电将会造成人身事故，造成重大政治影响或重大经济损失，引起公共场所秩序混乱，这类用电单位属一级负荷；中断供电时会造成较大政治影响或经济损失，或造成公共场所秩序混乱，这样的用电单位属二级负荷；较长时间中断供电造成的损失不很严重，这类用电单位属三级负荷。农村用电属三级负荷，对供电无特殊要求。

配线电路按高、低电压等级划分，送电电压在 1kV 以上称为高压配电线路，如 6kV、10kV，目前许多地方已逐步淘汰 6kV，而采用 10kV 高压配电送电。送电电压在 1kV 以下的称为低压配电线路，我国通常用 0.4kV 的低压配电线路，如 380V 三相三线制或 380/220V 三相四线制低压配电线路。

2. 农村低压配电网的技术要求

农村配电网的建设和改造，应坚持科技进步，提高供电质量和节能水平，确保安全可靠，做到合理规划、优化结构，遵循"小容量，密布点，短半径"的原则。变电站的布点要靠近负荷中心，供电能力按满足 10 年负荷发展的要求设计。

10kV 线路供电半径不大于 15km；负荷密度小的山区可适当延长。400V 低压主干线供电半径不大于 0.5km，山地地区可延长到 0.7~1km。

农村低压配电网改造重点是：① 供电半径过大，用户电压不合格地段；② 导线过细或过负荷地段；③ 旧木杆严重腐蚀地段；④ 供电可靠性要求较高地段；⑤ 危及用电安全地段。

低压配电网应结构简单，安全可靠。宜采用以配电变压器为中心的放射式或树干式结构，如图 3-1 所示。

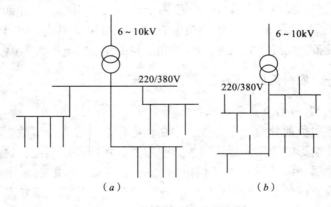

图 3-1 放射式和树干式接线
(a) 低压母线多组放射式；(b) 树干式

通过农网改造应达到：农村配电网高压综合线损率应降到 10% 以下，低压线损率降到 12% 以下，实现经济供电。用户端电压允许偏差值应达到：10kV 为 ±7%；380V 为 ±7%；220V

为 +7%、-10%。

变配电站 10kV 侧功率因数达 0.9 以上，100kVA 及以上用户的功率因数达 0.9 以上。农村用户的功率因数达 0.8 以上。

二、低压架空线路

1. 低压架空线路的结构

架空线路的电压在 1kV 以下称为低压架空线路，超过 1kV 称为高压架空线路。广大农村的低压配电线路多采用架空线路形式。低压架空线路的结构如图 3-2 所示，主要由导线、电杆、横担、绝缘子、金具和拉线等组成。

电杆：电杆的作用在于支持导线、绝缘子、横担等，使导线对地面和被交叉跨越物保持规定的安全距离。常见的电

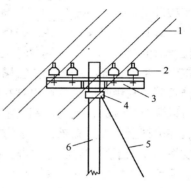

图 3-2 低压架空线路的结构
1—导线；2—绝缘子；3—横担；4—金具；5—拉线；6—电杆

杆有钢筋混凝土（水泥）电杆和木杆等。电杆必须具有足够的机械强度，能承受导线的重量，并耐风雨。为了坚固耐用和节约木材，一般宜采用钢筋混凝土电杆。

导线：导线是用来输送电能的，导线架设在电杆顶部，绑扎固定在绝缘子上。架空线路的导线，一般采用 LJ 型铝绞线和 LGJ 型钢芯铝绞线。在导线型号中，L 表示铝，G 表示钢，J 表示绞，T 表示铜，其后的数字表示导线的截面积（mm^2），如 LJ-35 表示：铝绞线截面为 $35mm^2$；LGJ-50 表示：钢芯铝绞线截面为 $50mm^2$。

用于架空线路的铝绞线、钢芯铝绞线截面积应不小于 $16mm^2$，6~10kV 高压架空线路的铝绞线截面积应不小于 $35mm^2$；钢芯铝绞线截面积应不小于 $25mm^2$，以免被风刮断。

横担：横担装在电杆的上端，用来固定架设导线用的绝缘子。按材质分为：木横担、铁横担、陶瓷横担等。木横担因易腐烂，使用寿命短，现在已很少使用；铁横担是用角铁制成的，因坚固耐用，已被广泛使用，但安装前应该镀锌，以免生锈；陶瓷横担是近些年出现的一种新型比较理想的产品，安装时不用任何绝缘子，可将导线直接固定在陶瓷横担上，但存在着冲击碰撞易于破碎的缺点，在施工中应尽量注意，以免损坏。

金具：金具又称铁件，它是用于安装导线、横担、绝缘子和拉线时的金属构件。金具包括架空线路中所用的抱箍、线夹、钳接管、垫铁、穿心螺栓、花篮螺栓、球头挂环、直角挂板和碗头挂板等。利用圆形抱箍可以把拉线固定在电杆上，利用花篮螺栓可以调节拉线的拉紧力，利用横担垫铁和横担抱箍可以把横担安装在电杆上。支撑扁铁从下面支撑横担后，可以防止横担歪斜，支撑扁铁的下端需要固定在带凸抱箍上。木横担安装在木电杆上，需要用穿心螺栓拧紧。各种金具都应该镀锌或涂漆，防止生锈。

绝缘子：绝缘子也叫瓷瓶。它的作用是使导线与导线之间或导线与横担、电杆、大地之间加以绝缘。要求绝缘子除具有较高的绝缘性能外，还应具有足够的机械强度，并具有能长期抗风化的作用。其按外形分为：针式绝缘子、蝴蝶绝缘子、盘形悬式绝缘子、作拉线用的棱形式蛋形绝缘子等。低压线路常见的绝缘子如图 3-3 所示。绝缘子安装前应进行交流耐压试验，并将表面的污垢用干布擦拭干净，以防止送电后发生闪络和击穿。

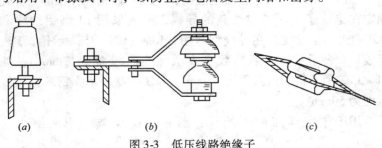

图 3-3 低压线路绝缘子
（a）针式绝缘子；（b）蝴蝶式绝缘子；（c）拉线绝缘子

2. 架空线路路径的选择

架空线路的走向,叫线路路径、走径或路由。当配电室和用电设备的位置确定后,就应到现场实地勘察,并视地形、地物和土质情况来确定。在选择路径时,应注意以下事项:① 路径应选择在负荷中心地带,并应考虑本乡、村未来的发展,同乡镇工业、水利设施建设、道路规划等相协调,统一规划。尽量少占农田,并选择交通方便、便于施工、维护的地方。② 线路路径应尽量取直线,路径尽量短,减少转角,避免迂回供电,降低工程造价及减少线路损耗。③ 路径应尽量避开洼陷、沼泽地段和易受山洪、雨水冲刷的地段。尽力减少跨越公路、铁路、河流及电信线路。④ 严禁跨越有爆炸物、易燃物的场所和仓库,防止意外事故的发生。⑤ 为了合理供电、充分发挥设备潜力,低压配电线路最好采用中心点辐射形式。

3. 架空电力线路保护区

架空电力线路保护区是为了保证已建架空电力线路的安全运行和保障人民生活的正常供电而设置的安全区域。

在厂矿、城镇、集镇、村庄等人口密集地区,架空电力线路保护区为导线边线在最大计算风偏后的水平距离和风偏后距建筑物的水平安全距离之和所形成的两平行线内的区域。各级电压导线边线在计算导线最大风偏情况下,距建筑物的水平安全距离见表3-1。

导线边线最大风偏情况下距建筑物的水平安全距离　表3-1

电 压 等 级	水平安全距离 (m)
1kV 以下	1.0
1～10kV	1.5
35kV	3.0
66～110kV	4.0
154～220kV	5.0
330kV	6.0
500kV	8.5

在保护区内,严禁种植可能危及电力线路安全运行的高大树木。在确保电力线路安全运行的条件下,可以种植果树、花灌木或者苗木。电力线路保护区内种植的树木,要保持树木生长最终高度、宽度与导线边线在最大计算弧垂、最大计算风偏情况下满足规定的安全距离。架空电力线路导线在最大弧垂或最大风偏后与树木之间的安全距离见表3-2。

架空电力线路导线与树木之间的安全距离　　　表3-2

电压等级	最大风偏距离(m)	最大垂直距离(m)
10kV及以下	3.0	3.0
35~110kV	3.5	4.0
154~220kV	4.0	4.5
330kV	5.0	5.5
500kV	7.0	7.0

按照国家有关规定,电力线路架设需要砍伐树木的,电力线路产权单位应当给予树木所有者一次性补偿费用,并与其签订不再在通道内种植树木的协议。

三、接户线和进户线

1. 接户线、进户线的确定

按规定当用户计量装置设在室内时,从低压电力线路到用户室外第一支持物的一段线路为接户线,从用户室外第一支持物至用户室内计量装置的一段线路为进户线;当用户计量装置在室外时,从低压电力线路到用户室外计量装置的一段线路为接户线,从用户室外计量箱出线端至用户室内第一支持物或配电装置的一段线路为进户线。常用的低压线进户方式如图3-4、图3-5所示。

2. 接户线、进户线装置要求

接户线的相线和中性线或保护中性线应从同一基电杆引下,其档距不应大于25m,超过25m时,应加装接户杆,但接户线的总长度(包括沿墙敷设部分)不宜超过50m。接户线应从接

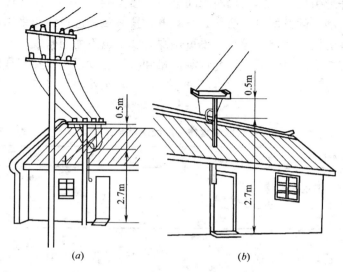

图 3-4 接户线及进户杆装置
(a) 长进户杆;(b) 短进户杆

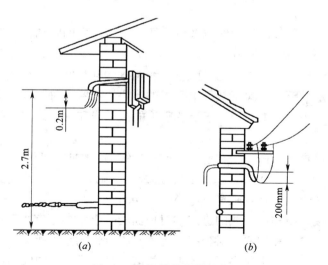

图 3-5 绝缘导线穿管进户
(a) 户内一端进总熔丝盒(配电箱);(b) 户外一端的弛度

户杆上引接，不得从档距中间悬空连接。接户线多数是架设在人员活动多的场所，为防止人身触电，接户线和进户线应采用绝缘良好的铜芯或铝芯导线，不可用裸导线，也不能用软线，并且不应有接头。电线截面按允许载流量和机械强度进行选择。详细内容参见"第三节导线、电缆的选择"。其最小截面应符合表3-3的规定。

接户线和室外进户线最小允许截面　　　　表3-3

架设方式	档距	铜线（mm^2）	铝线（mm^2）
自电杆引下	10m及以下	2.5	6.0
自电杆引下	10~25m	4.0	10.0
沿墙敷设	6m及以下	2.5	6.0

建议其截面铜线须$6mm^2$以上，铝线不得小于$10mm^2$。3~4户选$16mm^2$，6~8户选$25mm^2$，10户以上采用三相四线制$16mm^2$铜芯绝缘线（因集表箱多为双数），若采用铝导线截面适当增大一档。

沿墙敷设的接户线以及进户线两支持点间的距离，不应大于6m，导线水平排列时，中性线应靠墙壁侧。导线垂直排列时，中性线应在最下方。为了防止导线相碰和互相摩擦，导线间应保持一定的距离。对于从杆上引下的接户线和室外进户线，线间距离不应小于0.15m；对于沿墙敷设的接户线和进户线，线间距离不应小于0.1m。

接户线、进户线在通信线或广播线的上方时，两线交叉垂直距离不应小于0.6m；接户线、进户线在通信线或广播线的下方时，两线交叉垂直距离不应小于0.3m。

接户线和进户线的进户端对地面的垂直距离不宜小于2.5m。

接户线和进户线对公路、街道和人行道的垂直距离，在电线最大弧垂时，不应小于表3-4的数值；接户线、进户线与建筑物有关部分的距离不应小于表3-4的数值。

接户线与道路、建筑物有关部分的最小距离 表3-4

类别	最小距离（m）	类别	最小距离（m）
公路路面	6	与下方窗户的垂直距离	0.3
通车困难的街道、人行道	3.5	与上方阳台或窗户的垂直距离	0.8
不通车的人行道、胡同	3	与窗户或阳台的水平距离	0.75
		与墙壁、构架的水平距离	0.05

进户线穿墙时，应套装硬质绝缘管，电线在室外应做滴水弯，穿墙绝缘管应内高外低，露出墙壁部分的两端不应小于10mm（毫米）；滴水弯最低点距地面小于2m时，进户线应加装绝缘护套。

进户线与弱电线路必须分开进户。

四、低压地埋线路

地埋电力线（简称地埋线）是一种由线芯、绝缘层、护套层按一定的工艺要求组成的绝缘导线，可直接埋入地中给用户送电。使用地埋线敷设的电力线路叫做地埋电力线路。

地埋线的结构分为三部分：① 铝芯：即铝质导线，$6mm^2$ 及以下规格的为单股铝线，$10mm^2$ 及以上规格的为多股铝绞线；② 绝缘层：由纯洁干净的绝缘性能高的电缆塑料制成，聚乙烯塑料绝缘性能优于聚氯乙烯塑料；③ 护套层：它是地埋线的最外层，采用聚氯乙烯或聚乙烯塑料制成。由于塑料与水、酸、碱、盐等不产生明显的化学反应，故在土壤中其性能稳定。

地埋线不同于普通导线，其绝缘层特别厚，约 1～1.6mm（NLV 型电线）；为了加强绝缘和机械强度，除 NLV 型外的其他型号地埋线，其绝缘分为两层，内层绝缘厚为 0.6～1.4mm，外面护套厚为 0.7～1.2mm。其绝缘均用聚氯乙烯或聚乙烯材料，主要产品芯线为铝导体。这种电线称为农用直埋铝芯塑料绝缘塑料护套电线。

1. 地埋线的优点

(1) 节省投资。低压地埋电力线路由于不需要电杆、横担、绝缘子、金具以及拉线等部件,因此可以节约大量钢材、水泥。据统计,在传输相同的负荷情况下,每千米可节约钢材 400~500kg,节约水泥 800~1 200kg。用地埋线敷设的动力线路与同规格的架空电力线路相比,可节省投资约 27%,用于生活照明线路节省投资 55%。

(2) 少占农田,便于机耕。由于地埋线敷设在地下,不用电杆,不用拉线,节省用地,为机械化耕作带来了方便。

(3) 运行可靠,维护简单。地埋线埋入地下运行,不受恶劣气候的影响,不会像架空线路那样发生倒杆断线事故,因而维护较为简单。

(4) 减少低压触电事故。由于架空线在受外力作用下易出现断线,出现落地线、拦腰线、拉线带电等,致使发生停电甚至人身触电伤亡事故,给生命财产造成损失,又给电工带来了繁重的检修工作。发展地埋线路为解决这些问题创造了有利条件。

2. 常用地埋线的种类

根据绝缘层及护套层所使用的塑料种类不同,地埋线可分为 6 种型号,见表 3-5。

地埋电线型号及名称　　　　　　　表 3-5

型号	名　　　称	使用场合
NLYV	农用直埋铝芯聚乙烯绝缘,聚氯乙烯护套电线	一般地区
NLYV-H	农用直埋铝芯聚乙烯绝缘,耐寒聚氯乙烯护套电线	一般及寒冷地区
NLYV-Y	农用直埋铝芯聚乙烯绝缘,防蚁聚氯乙烯护套电线	白蚁活动地区
NLYY	农用直埋铝芯聚乙烯绝缘,黑色聚乙烯护套电线	一般及寒冷地区
NLVV	农用直埋铝芯聚氯乙烯绝缘,聚氯乙烯护套电线	一般地区
NLVV-Y	农用直埋铝芯聚氯乙烯绝缘,防蚁聚氯乙烯护套电线	白蚁活动地区

地埋线的规格按线芯的截面大小划分为：4、6、10、16、25、35、50、70、95mm² 九个规格。

3．地埋线的敷设

地埋线敷设比较简单，但应注意以下事项：

（1）合理选择地埋线路路径。由于地埋线路不够灵活，一旦埋入地下要改变路径比较困难，因此敷设前应周密考虑，所走路径要与农田基本建设及农村发展规划相结合。地埋线路应尽量采用直线埋设，并充分考虑地形地貌，如线路沿路边、水渠内敷设，应尽量避开不宜开挖、洪水冲刷地段及其他不宜埋设的场所，在路边埋设时，还应避开植树规划区。

（2）合理选择地埋线的导线截面。因地埋线直接埋入地下，不易更换，所以除按现有负荷综合考虑导线载流量和电压降因素外，还应考虑远期发展前景，选择合适的导线截面。

（3）地埋线一旦发生故障查找较困难，需用专门的故障探测仪器检测，又费时费工。因此必须十分重视施工质量。埋线沟深度应在冻土层以下，一般不小于1m，沟宽0.5m，线间距离不小于10cm（厘米）；沟底要平整无杂物、乱石、玻璃等。放线前下铺细软土或沙子10cm。另外，每百米要空一个1%～2%的伸缩坑。地埋线敷设时周围的环境温度不应低于0℃。因为温度过低，导线绝缘由于发硬，在施工中容易弯裂、损坏绝缘。

（4）采用地埋线宜安装漏电保护器，以确保人身安全。出厂合格的地埋线绝缘电阻不应小于10MΩ/km。检查地埋线质量的方法是将地埋线浸入水中泡24h，用2 500V兆欧表遥测绝缘电阻，每千米应不低于10MΩ（兆欧）。

（5）回填土填放方法适当。地埋线填土前应核对相序，做好路径、接头、交叉地下设施的标志和保护。回填土应从放线端开始，逐步向终端推移，电线周围应先填细土和细砂，覆土200mm后，可放水让其自然下沉或用人工排步踩平，禁止用机械夯实。然后用2 500V兆欧表复测绝缘电阻。若复测绝缘电阻无明显下降,才可全面回填土。回填土禁用大块泥土投击,回填土应高出地面200mm。

(6) 在分支线路上,每200~300m内设观察孔一个,作分路控制,便于维护检查。

(7) 处理好地埋线接头。地埋线最易出故障的是地下接头,因此,地埋线的接头和分支接线应尽量在地面上进行,在地面上接线后再引入地下,并在接头与分支处配接线箱,这样可大大减少接头故障。如果不得不在地下接头,一定要按规定操作,严把接头质量关。

(8) 处理好地埋线的引出线。引出线应选用硬塑料管,塑料管埋入地下应不小于0.5m,并应配置接线箱。

(9) 做好地埋线的资料整理和保管工作。地埋线埋好后,要绘制地埋线埋设平面图,图中标出地埋线的路径、导线型号、长度、转角、地下接头和分支的位置,绘图时,应找出永久性标记、测量出标记距埋设地点及接头和分支的具体距离,并标在图上,以备日后检查、检修之用。

(10) 做好地埋线的维护和日常巡视。新埋设的地埋线每季度遥测绝缘电阻一次,一年以后每年进行一次。日常巡视的主要内容是检查沿地埋线两侧各1m范围内有无挖土或塌方现象,有无洪水冲刷造成滑坡和塌陷,有无在地埋线埋设处建房等。还应检查接线箱内接头有无松动、发热现象,并做好巡视记录,掌握地埋线路的运行规律,保证地埋线路的安全、正常运行。

4. 地埋线的故障检测

地埋线的故障一般有短路、断路和接地(或漏电)三种,用专用的故障探测仪探测,主要方法有2种:

(1) 感应法:如果线路发生故障,故障点处的磁场一定发生变化。

根据这个原理,可用音频信号发生器把音频信号送入地埋线,用探测仪沿线检测,哪里磁场发生变化,故障点就在此地。

这个方法方便易行，是目前采用较多的方法。

（2）接触法：地埋线漏电故障点周围会产生电位差，如果将音频信号送入地埋线，在故障处可探测到电场变化。

五、电力电缆线路

架空线路需要空中走廊，往往会破坏植被，影响绿化，另外，伴随着人类要保护生态环境，要构建天然园林式新农村的夙愿，这种线树矛盾将越来越激化。直埋电缆深埋于农村田边路旁，不占用耕地，村子里没有了高耸的输电电杆和空中蛛网式线路，改善和美化了村容村貌，同时，也有效预防了断线及可能发生的人身安全事故。

电缆深埋于地下，回避了台风等自然的灾害以及地面社会活动的影响，不像架空线那样，任何因素引发的杆歪、杆倒、树枝断裂、大树倾斜等都可能压断线缆或产生短路。同时，深埋于地表下的电缆具有一定防止直接和间接雷击的能力；其次，即使有偶尔的故障也不易伤害人畜。

电缆的种类很多，按其所用的绝缘材料不同，电力电缆可分为油浸纸绝缘电力电缆、橡皮绝缘电力电缆、聚氯乙烯绝缘电力电缆三类。一般都由线芯、绝缘层和保护层三个部分组成。线芯分为单芯、双芯、三芯、四芯及多芯。其中聚氯乙烯绝缘电力电缆，由于制造工艺简单，没有敷设落差的限制，工作温度可以提高，电缆的敷设、维护、接续比较简便，又有较好的抗腐蚀性和一定的机械强度，目前已广泛用于社区及民用建筑的低压电力线路中。

电力电缆与地埋电力线相比具有更完善的绝缘及防护结构，防潮防水能力更强，安全性可靠性更高，而且其多芯结构敷设更方便。因此在经济发达地区尤其是城市近郊已得到较广泛的使用。

电缆敷设的方法很多，分为直接埋地敷设，电缆地沟（或地下隧道）内敷设，管道中敷设，以及沿建筑物明敷设等。采用何种敷设方式，应从节省投资、方便施工、运行安全、易于维修和散热等方面考虑。

1. 直接埋地敷设

其优点是施工简单、投资省、散热条件好，故应优先考虑采用。埋深一般不小于 0.7m，上下各铺 100mm 厚的软土或沙层，上盖保护板，如图 3-6 所示。应敷于冻土层下，不得在其他管道上面或下面平行敷设。电缆在沟内应波状放置，预留 1.5% 的长度，以免冷缩受拉。电缆应与其他管道设施保持规定的距离。在含有腐蚀性物质的土壤中或有地电流的地方，电缆不宜直接埋地。如必需埋地时，宜选用塑料护套电缆或防腐电缆。

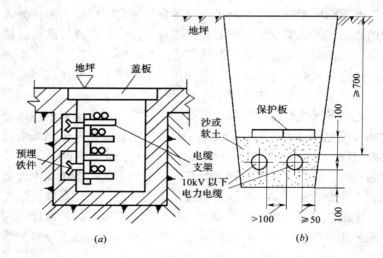

图 3-6　电力电缆直接埋地敷设
（a）电缆沟敷设；（b）直接埋地敷设

2. 电缆沟敷设

室内电缆沟的盖板应与室内地面齐平。在易积水积灰处宜用水泥砂浆或沥青将盖板缝隙抹死。经常开启的电缆沟盖板宜采用钢盖板。

室外电缆沟的盖板宜高出地面100mm，以减少地面水流入沟内。当有碍交通和排水时，采用有覆盖层的电缆沟，盖板顶低于地面300mm。沟盖板一般采用钢筋混凝土盖板，每块重量以两人能提起为宜，一般不超过50kg。沟内应考虑分段排水，每50m设一集水井，沟底向集水井应有不小于0.5%的坡度。

3. 电缆穿管敷设

管内径不能小于电缆外径的1.5倍。管的弯曲半径为管外径的10倍，且不应小于所穿电缆的最小弯曲半径。

电缆在室内埋地、穿墙或穿楼板时，应穿管保护。水平明敷时距地应不小于2.5m。垂直明敷时，高度1.8m以下部分应有防止机械损伤的措施。

第二节 室内线路的配线和安装

室内配线是房屋内用来给各种用电器具供电或起控制作用的线路。室内配线的敷设方式可分为明配线（明敷）和暗配线（暗敷）两种。

明配线就是将导线沿墙壁、顶棚、房梁、柱子等明敷设。明配线通常有瓷（塑）夹板配线、瓷瓶配线、瓷珠配线、槽板配线、钢（塑料）管配线、塑料护套线配线及钢索配线等配线方式。

暗配线是将导线穿管埋设于墙壁、顶棚、地坪及楼板等处的内部，或在混凝土板孔内敷线称为暗配线。暗配线可以保持建筑内表面整齐美观、方便施工、节约线材。暗敷的管子可采用金属管或硬塑料管。

一般来说，明配线安装施工和检查维修较方便，但室内美观受影响，人能触摸到的地方不十分安全；暗配线安装施工要求高，检查和维护较困难。

一、常用配线方式及要求

1. 常用配线方式的特点及适用场合

（1）瓷夹板或塑料夹板配线：瓷夹板或塑料夹板配线就是利用瓷夹板或塑料夹板固定和支持导线的一种配线方式。因夹板较矮，距建筑物很近，机械强度小，适用于用电负荷小（导线截面积在 $10mm^2$ 以内）、干燥和无机械损伤的场所。目前已较少采用。

（2）瓷瓶配线：瓷瓶配线是利用瓷瓶、瓷柱来固定和支持导线的一种配线方式。因瓷柱比较高，机械强度也较大，适用于用电负荷较大（截面积在 $25mm^2$ 及以下）、干燥和潮湿的场所。目前已较少采用。

（3）槽板配线：槽板配线是把绝缘导线布放在木或塑料的线槽内，上部用盖板把导线盖住的配线方式。该配线方式较瓷夹板配线整齐、美观，又比钢管配线便宜。一般适用于干燥的室内，如办公室、起居室、生活间等，多用于照明电路。线槽有二线的和三线的，绝缘导线截面积一般不超过 $4mm^2$。常用的槽板有两种，一种是木槽板，另一种是塑料槽板。由于塑料槽板壁薄且细长，容易变形，而木槽板则耗用大量木材，因此这种配线方式已被淘汰。目前，已由槽板配线演化为线槽配线。

（4）线槽配线：线槽比槽板体积大，可以容纳较多的绝缘导线。线槽有金属线槽与塑料线槽两种，可以固定在建筑物的表面，也可以用吊挂金具将线槽吊挂。这种配线方式结构简单、组合方便，可以随用电设备位置的变化而改变路径，因此，在建新房尤其是旧房改造中使用较多。

（5）管配线：管配线是将绝缘导线穿于管内的配线方式。它分为明配和暗配两种。这种方式比较安全，适用于易发生火灾和有爆炸危险的场所。线路容易碰撞的线段，常用钢管作为保护，地面用电设备的线路也常用钢管埋于地下，如由配电箱至电动机的配线多用钢管暗配线。

(6) 塑料护套线配线：对于比较潮湿和有腐蚀性的特殊场所，采用塑料护套线，用铝片卡（俗称钢精轧头）或塑料卡作为导线的支持固定件，可以直接将导线敷设在预制楼板、砖墙及其他建筑物的表面。

随着农村经济水平的提高尤其是新农村建设的持续进行，人们对用电安全、室内美观的要求必逐步提高，一些传统的安全性差、影响美观的配线方式如瓷夹板或塑料夹板配线、瓷瓶配线、槽板配线等会逐步淘汰，而代之以安全可靠、不影响室内美观的配线方式。这里推荐：明配线优先采用塑料护套线配线、线槽配线；暗配线优先采用硬塑料管配线。

2. 室内配线的一般要求

室内配线应满足使用要求，并达到安全可靠、布置合理、整齐美观、安装牢固等基本要求。同时，还应注意以下几项基本技术要求：

(1) 室内配线应采用橡胶或塑料绝缘导线，其绝缘层的耐压水平，应使其额定电压大于或等于线路的工作电压。导线的截面应按导线的机械强度和允许截流量来选择。为使导线具有足够的机械强度，其最小截面为：铜线为 $1.0mm^2$；铝线为 $2.5mm^2$。导线配线方式的选择与敷设环境条件相适应。

(2) 明配线路在建筑物内应平行或垂直敷设，并做到横平竖直。水平敷设的导线，对地距离不应小于 2.5m；垂直敷设的导线，对地距离不应小于 1.8m，当垂直敷设引到开关或插座上时，对地面距离可不小于 1.3m，但是 1.8m 以下部分的导线，应装在槽板或钢管（塑料管）内加以保护，以防机械损伤或漏电伤人。

(3) 配线线路应尽可能避开热源，如无法避开需平行或交叉时，应保证一定的距离或采取隔热措施。

(4) 配线时，应尽量避免导线接头，因为导线接头不良常常造成事故。若必须接头时，应采用压接或焊接。但必须注意，穿在管内的导线,在任何情况下都不能有接头。必要时可把接头放在接线盒或灯头盒内。

(5) 导线穿过墙壁时,要用瓷管或硬质塑料管予以保护,管内两端出线口伸出墙面的距离不应小于10mm。这样可以防止导线与墙壁接触,绝缘磨损而漏电等。

(6) 当导线穿过楼板时,应用钢管保护,其出线部位应做喇叭口。

(7) 采用钢管配线时,应将同一回路的各相导线穿于同一管内;不同电源的回路和不同电压等级回路的导线,不得穿于同一管内。

(8) 导线与电器端子的连接应紧密压实,力求减小接触电阻和防止脱落。截面积在10mm^{2}以下的导线,可将线芯直接与电器端子压接;16mm^{2}以上的导线可将线芯先装入接线端子(即俗称铜鼻子或铝鼻子)内,然后再与电器端子连接。大截面钢芯导线与电器端子连接应采用铜接线端子,其方法是先在线芯上涂以焊锡,待焊锡熔化后,把已涮锡的线芯插入接线孔内冷却后即可;大截面铝芯导线与电器端子连接,用铝接线端子压接而成。

(9) 用500V兆欧表遥测线路对地绝缘电阻不应小于0.5MΩ。

(10) 线路安装时要注意美观,在采用明配线的场所,要求配线"横平竖直"、排列整齐、支持物档距均匀、位置适宜,并应尽可能沿建筑物平顶线脚、横梁、墙角等隐蔽处敷设。

二、塑料护套线配线

塑料护套线是一种具有塑料防护层的多芯绝缘导线,有防化学腐蚀和防潮的优点。利用铝片卡子(俗称钢精轧头)或塑料卡作为导线的支持固定件,可以直接将导线敷设在预制楼板、砖墙及其他建筑物的表面。但不得将导线直接埋入抹灰层内暗敷设,施工程序及方法如下。

1. 划线定位

塑料护套线的敷设应横平竖直。敷设导线前,应先用粉线依据设计图纸弹出正确的水平线和垂直线。确定起始点的位置后,再按塑料护套线截面的大小每隔150~200mm划出中间铝片卡(塑料卡)的固定位置。导线在距终端、转弯中点、电气器具或接线盒边缘50~100mm处都要设置铝片卡进行固定。

2. 铝片卡固定

铝片卡的固定方法应根据建筑物的具体情况而定。在木结构上,可用一般钉子钉牢;在有抹灰层的墙上,可用鞋钉直接钉牢;在混凝土结构上,可采用环氧树脂粘结。在混凝土结构、砖墙尚未喷浆刷白时,用专门的胶粘剂将铝片卡固定在建筑物表面,然后再敷设导线,称之粘结法塑料护套线布线。粘结铝片卡以前,先用钢丝刷将建筑物表面刷干净,再用湿布擦干净。将粘结面处理干净后,再将胶粘剂涂在固定卡子下面,涂抹应均匀,切勿涂抹太厚。粘结时,用手按压,使粘结面接触良好。粘结后1~2天,胶粘剂充分硬化,再敷设护套线。

粘结法固定塑料护套线工序较多,费工费时,已较少使用。近几年,开始推广使用水泥钢钉塑料卡,它使线夹在建筑物表面上的固定大为简化。只需使用水泥钢钉将塑料护套卡钉牢在建筑物表面即可,这种方法可以大大提高工效。水泥钢钉塑料卡见图3-7。

图3-7 水泥钢钉塑料卡

3. 护套线的敷设

在水平方向敷设塑料护套线时,如果导线很短,为便于施工,可按实际需要长度先将导线剪断,把它盘起来,然后再一手持导线,一手将导线固定在铝片卡(塑料卡)上。如果线路较长,且又有几根导线平行敷设时,可用绳子先把导线吊挂起来,使导线重量不完全承受在铝片卡(塑料卡)上。然后将护套线轻轻地整理平正后用铝片卡(塑料卡)扎牢,并轻轻拍平,使其紧贴墙面。

弯曲护套线时用力要均匀,不应损伤护套和芯线的绝缘层,其弯曲半径不应小于导线外径的3倍,弯曲角度不小于90°。当导线通过墙壁和楼板时应加保护管。当导线水平敷设距地面低于2.5m或垂直敷设距地面低于1.8m时应加管保护。塑料护套线在分支接头和中间接头处,应装置接线盒,接头应采用焊接或压接。塑料护套线安装示意图如图3-8所示。

三、塑料线槽配线

塑料线槽:由槽底、槽盖及附件组成,它是由难燃型硬聚氯乙烯工程塑料挤压成型。选用塑料线槽时,应根据设计要求选择型号、规格相应的定型产品。其敷设场所的环境温度不得低于-15℃,其氧指数不应低于27%。以上线槽内外应光滑无棱刺,不应有扭曲、翘边等变形现象。塑料线槽结构示意图如图3-9所示。

塑料线槽配线工艺流程为:

弹线定位→线槽固定→线槽连接→槽内放线→导线连接→线路检查绝缘遥测。

1. 弹线定位

按设计图确定进户线、盘、箱等电气器具固定点的位置,从始端至终端(先干线后支线)找好水平或垂直线,用粉线袋在线路中心弹线,分均档,用笔画出加档位置后,再细查木砖

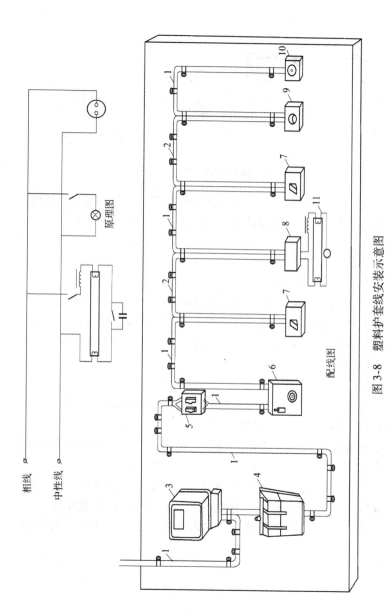

图3-8 塑料护套线安装示意图

1—二芯护套线；2—三芯护套线；3—单相电能表；4—闸刀开关；5—熔断器；
6—漏电保护开关；7—开关；8—方木；9—灯头；10—插座；11—日光灯

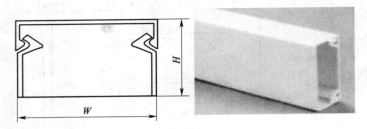

图 3-9 塑料线槽结构示意图

是否齐全,位置是否正确,否则应及时补齐。然后在固定点位置进行钻孔,埋入塑料胀管或伞形螺栓。弹线时不应弄脏建筑物表面。

2. 线槽固定

(1) 木砖固定线槽

配合土建结构施工的预埋木砖或砖墙剔洞后再埋木砖,梯形木砖较大的一面应朝洞里,外表面与建筑物的表面平齐;然后用水泥砂浆抹平,待凝固后,再把线槽底板用木螺钉固定在木砖上,如图 3-10 所示。

(2) 塑料胀管固定线槽

混凝土墙、砖墙可采用塑料胀管固定塑料线槽。根据胀管直径和长度选择钻头。在标出的固定点位置上钻孔,不应歪斜、豁口,应垂直钻好孔后,将孔内残存的杂物清净,用木槌把塑料胀管垂直敲入孔中,并与建筑物表面平齐为准,再用石膏将缝隙填实抹平。用半圆头木螺钉加垫圈将线槽底板固定在塑料胀管上,紧贴建筑物表面。应先固定两端,再固定中间,同时找正线槽底板,要横平竖直,并沿建筑物形状表面进行敷设。线槽安装用塑料胀管固定见图 3-11 所示。

3. 线槽连接

线槽及附件连接处应严密平整,无缝隙,紧贴建筑物,固定点最大间距见表 3-6。

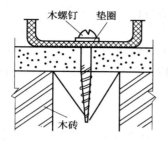 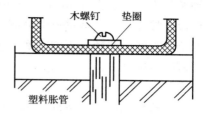

图 3-10 线槽安装用木砖固定图　　图 3-11 线槽安装用塑料胀管固定

槽体固定点最大间距尺寸　　表 3-6

固定点形式	槽板宽度（mm）		
	20～40	60	80～120
	固定点最大间距（mm）		
中心单列	800	—	—
双列	—	1 000	—
双列	—	—	800

（1）槽底和槽盖直线段对接：槽底固定点的间距应不小于500mm，盖板应不小于300mm，底板离终点50mm及盖板距离终端点30mm处均应固定。槽底对接缝与槽盖对接缝应错开并不小于100mm。

（2）线槽分支接头，线槽附件如直通、三通转角、接头、插口、盒、箱应采用相同材质的定型产品。槽底、槽盖与各种附件相对接时，接缝处应严实平整，固定牢固。

4．槽内放线

（1）清扫线槽。放线时，先用布清除槽内的污物，使线槽内外清洁。

（2）放线。先将导线放开伸直，捋顺后盘成大圈，置于放线架上，从始端到终端（先干线后支线）边放边整理，导线应顺直，不得有挤压、背扣、扭结和受损等现象。绑扎导线时应采用尼龙绑扎带，不允许采用金属丝进行绑扎。在接线盒处的导线预留长度不应超过150mm。线槽内不允许出现接头，导线接头应放在接线盒内；从室外引进室内的导线在进入墙内的一段用橡胶绝缘导线，严禁使用塑料绝缘导线。同时，穿墙保护管的外侧应有防水措施。

5. 导线连接

导线连接应使连接处的接触电阻值最小，机械强度不降低，并恢复其原有的绝缘强度。连接时，应正确区分相线、中性线、保护地线。可采用绝缘导线的颜色区分，或使用仪表测试对号，检查正确方可连接。导线连接方法见有关内容。

最后还应对线路进行绝缘遥测。

四、线管配线

导线置于钢管或硬塑料管内的敷设方式，称为线管配线。线管配线分明敷（明管）和暗敷（暗管）两种。线管配线适用于潮湿、易损伤、易腐蚀及供电要求较高的重要场所，具有安全可靠、清洁美观、避免火灾和机械损伤等优点，但用的材料较多，装置成本较高。

1. 明管配线

把绝缘导线穿在金属或塑料导管内，而将穿线导管整齐地敷设在墙（柱）上、混凝土楼板下，这种配线方式称为明管配线。此种配线方式可防止外部机械损伤并避免腐蚀性气体的侵蚀。

通常使用的穿线导管有水煤气钢管、电线管和硬聚氯乙烯管（PVC管）。硬质塑料管防腐蚀性能好，可适用于腐蚀性较大及潮湿的场所。电线管管壁较薄，多用于干燥场所。钢管管壁较厚，可用于潮湿场所。为延长钢管使用寿命，还应经常作防腐处理。

明配管线应力求整齐美观，通常将管线沿建筑物水平或垂直敷设。每隔一定距离用管卡固定。

2. 暗管配线

预先将穿线导管敷设在地坪、墙壁、楼板或顶棚内，然后将导线穿入管内，这种配线方式称为暗管配线。使用的穿线导管有水、煤气钢管、硬质塑料管、半硬塑料管等。为了节省工程投资，减少金属消耗量，在一般民用房屋建筑中，优先使用塑料管（PVC管）。

暗配线路敷设后，在建筑物表面看不到配电线路，又不损坏建筑物。暗配线路的优点是安全可靠、美观、防水防潮、导线不受有害气体的侵蚀和外部机械性损伤、使用年限长及容易更换导线。其缺点是造价高、材料消耗大，在施工过程中与土建工程的配合工作量大。

强调一点，不允许将塑料绝缘导线直接埋置于水泥或石灰粉层内进行暗线敷设，原因是：① 塑料绝缘导线长时间使用后，塑料会老化龟裂，绝缘水平大大降低；当线路短时过载或短路时，更易加速绝缘的损坏。② 一旦粉层受潮，就会引起大面积漏电，危及人身安全。③ 塑料绝缘导线直接暗埋，不但易受机械损伤且不利于线路检修和保养。

五、硬质阻燃 PVC 塑料管暗配线

材料要求：所使用的阻燃型（PVC）塑料管，其材质均应具有阻燃、耐冲击性能，其氧指数不应低于27%的阻燃指标。

暗管敷设的基本要求为：敷设于多尘和潮湿场所的电线管路、管口、管子连接处应作密封处理；电线管路应沿最近的路线敷设并尽量减少弯曲，埋入墙或混凝土内的管子，离表面的净距离不应小于15mm，暗管布线如图3-12所示。线管弯曲半径应不小于管外径的10倍。

导线穿管敷设时，导线总截面（包括外护套）不应超过管子内截面积的40%。穿线管径选择有表可查。

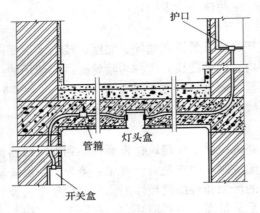

图 3-12 线管暗敷布线示意图

塑料电气暗管敷设的施工程序为：施工准备→预制加工管弯制→测定盒、箱位置→固定盒、箱→管路连接。

管内穿线施工程序：施工准备→选择导线→穿带线（拉线）→清扫管路→放线及断线→导线与带线的绑扎→带护口→导线连接→导线焊接→导线包扎→线路检查绝缘遥测。

1. 暗管敷设

（1）预制加工管弯：预制管弯可采用冷煨法和热煨法。阻燃塑料管及其配件的敷设、安装和煨弯制作，均应在原材料规定的允许环境温度下进行，其温度不宜低于 -15℃。

（2）测定盒、箱位置：根据设计要求确定盒、箱轴线位置，以土建弹出的水平线为基准，挂线找正，标出盒、箱实际尺寸位置。

（3）固定盒、箱：先稳住盒、箱，然后灌浆，要求砂浆饱满、平整牢固、位置正确。现浇混凝土板墙固定盒、箱加支铁固定；现浇混凝土楼板，将盒子堵好随底板钢筋固定牢，管路配好后，随土建浇灌混凝土施工同时完成。

（4）管路连接：管路连接应使用套箍连接（包括端接头接管）。用小刷子沾配套供应的塑料管胶粘剂，均匀涂抹在管外壁上，将管子插入套箍；管口应到位。胶粘剂性能要求粘结后1min内不移位，黏性保持时间长，并具有防水性。

管路垂直或水平敷设时，每隔1m距离应有一个固定点，在弯曲部位以圆弧中心点为始点，距两端300～500mm处各加一个固定点。管进盒、箱，一管一孔，先接端接头然后用内锁母固定在盒、箱上，在管孔上用顶帽型护口堵好管口，最后用纸或泡沫塑料块堵好盒子口（堵盒子口的材料可采用现场现有柔软物件，如水泥纸袋等）。线管与接线盒的连接示意图见图3-13。

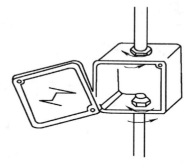

图3-13 线管与接线盒的连接

管路超过下列长度，应加装接线盒，其位置应便于穿线。无弯时30m；有一个弯时20m；有两个弯时15m；有三个弯时8m。

（5）管路暗敷设：随墙（砌体）配管：配合土建工程砌墙立管时，管子外保护层不小于15mm，管口向上者应封好，以防水泥砂浆或其他杂物堵塞管子。往上引管有吊顶时，管上端应煨成90°弯进入吊顶内，由顶板向下引管不宜过长，以达到开关盒上口为准，等砌好隔墙，先固定盒后接短管。

现浇混凝土楼板配管：先确定箱盒位置，根据墙体的厚度，弹出十字线，将堵好的盒子固定牢，然后敷管。有两个以上盒子时，要拉直线。管进入盒子的长度要适宜，管路每隔1m左右用镀锌钢丝绑扎牢。

2. 管内穿线

（1）选择导线：各回路的导线应严格按照设计图纸选择型号规格，相线、零线及保护地线应加以区分，用黄、绿、红导线分别作A、B、C相线，黄绿双色线作接地线，蓝线作N线。

（2）穿带线：穿带线的目的是检查管路是否畅通，管路的走向及盒、箱质量是否符合设计及施工图要求。带线采用$\phi 2$的钢丝，先将钢丝的一端弯成不封口的圆圈，再利用穿线器将带线穿入管路内，在管路的两端应留有 10~15cm 的余量（在管路较长或转弯多时，可以在敷设管路的同时将带线一并穿好）。当穿带线受阻时，可采用图 3-14 所示方法。可用两根钢丝分别穿入管路的两端，同时搅动，使两根钢丝的端头互相钩绞在一起，然后将带线拉出。

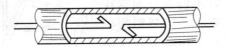

图 3-14 线管穿线与引线绑扎

（3）清扫管路：配管完毕后，在穿线之前，必须对所有的管路进行清扫。清扫管路的目的是清除管路中的灰尘、泥水等杂物。具体方法为：将布条的两端牢固地绑扎在带线上，两人来回拉动带线，将管内杂物清净。

（4）放线及断线：放线前应根据设计图对导线的规格、型号进行核对，放线时导线应置于放线架或放线车上，不能将导线在地上随意拖拉，更不能野蛮使力，以防损坏绝缘层或拉断线芯。剪断导线时，导线的预留长度按以下情况予以考虑：接线盒、开关盒、插座盒及灯头盒内导线的预留长度为 15cm；配电箱内导线的预留长度为配电箱箱体周长的 1/2；干线在分支处，可不剪断导线而直接作分支接头。

（5）导线与带线的绑扎：当导线根数较少时，可将导线前端的绝缘层削去，然后将线芯直接插入带线的盘圈内并折回压实，绑扎牢固；当导线根数较多或导线截面较大时，可将导线前端的绝缘层削去，然后将线芯斜错排列在带线上，用绑线缠绕绑扎牢固。

（6）管内穿线：在穿线前，应检查塑料管各个管口的护口是否齐全，如有遗漏和破损，均应补齐和更换。穿线时应注意以下事项：同一交流回路的导线必须穿在同一管内；不同回路，不同电压和交流与直流的导线，不得穿入同一管内；导线在变形缝处，补偿装置应活动自如，导线应留有一定的余量。

（7）导线连接：导线连接应满足以下要求：导线接头不能增加电阻值；受力导线不能降低原机械强度；不能降低原绝缘强度。为了满足上述要求，在导线做电气连接时，必须先削掉绝缘再进行连接，多股线需搪锡或压接，包缠绳丝。单股导线（1.5~6mm^2）建议采用具有成熟工艺的压接法，但压接帽的选择必须按照产品说明书进行。

（8）导线包扎：首先用橡胶绝缘带从导线接头处始端的完好绝缘层开始，缠绕1~2个绝缘带宽度，再以半幅宽度重叠进行缠绕。在包扎过程中应尽可能地收紧绝缘带（一般将橡胶绝缘带拉长2倍后再进行缠绕）。而后在绝缘层上缠绕1~2圈后进行回缠，最后用胶布包扎，包扎时要搭接好，以半幅宽度边压边进行缠绕。

（9）线路检查及绝缘遥测。线路检查：接、焊、包全部完成后，应进行自检和互检；检查导线接、焊、包是否符合设计要求及有关施工验收规范及质量验收标准的规定，不符合规定的应立即纠正，检查无误后方可进行绝缘遥测；绝缘遥测：导线线路的绝缘遥测一般选用500V。填写"绝缘电阻测试记录"。摇动速度应保持在120r/min（转/分钟）左右，读数应采用一分钟后的读数为宜。

六、导线连接方法

在敷设线路时，常常会遇到导线连接的问题。如果导线连接不当或接触不良，在线路通电时，将会烧坏导线，引起火灾等事故。因此，在敷设线路时，应尽量避免接头，如要接头，也应按照规定的方式进行连接，但接头处的绝缘强度和机械强度都应保持与原导线一样。

1. 剖削导线绝缘层

可用剥线钳或钢丝钳剥削导线的绝缘层，也可用电工刀剖削塑料硬线的绝缘层，如图3-15所示。

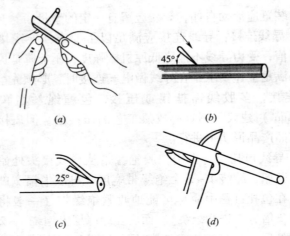

图 3-15 导线绝缘层剖削

用电工刀剖削塑料硬线绝缘层时,电工刀刀口在需要剖削的导线上与导线成45°夹角,如图3-15(b)所示,斜切入绝缘层,然后以25°度角倾斜推削,如图3-15(c)所示。最后将剖开的绝缘层折叠,齐根剖削如图3-15(d)所示。剖削绝缘时不要削伤线芯。

2. 单股铜芯导线的直线连接和T形分支连接

单股铜芯导线的直线连接如图3-16所示。

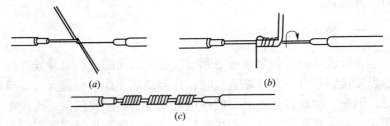

图 3-16 单股铜芯导线的直线连接
(a) 清除线芯表面氧化层,把两根芯线的线头成X形相交;
(b) 把两根芯线的线头互相绞绕2~3圈,并扳直两线头;
(c) 将每根芯线的线头紧贴在另一根芯线上缠绕6圈,用钢丝钳切去余下的芯线并钳平芯线的末端单股铜芯导线的T形分支连接如图3-17所示。

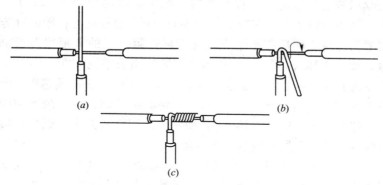

图3-17 单股铜芯导线的T形分支连接
（a）将剖削好的支路芯线的线头与干线芯线十字相交，使支路芯线根部留出3~5mm；（b）按顺时针方向缠绕支路芯线；（c）缠绕6~8圈后，用钢丝钳切去余下的芯线，并钳平芯线的末端

3. 多股铜芯导线的直线连接和T形分支连接

下面以7股铜芯导线为例说明多股铜芯导线的连接方法。

（1）7股铜芯导线的直线连接如图3-18所示。首先将两线线端剖削出约150mm并将靠近绝缘层约1/3段线芯绞紧，散开

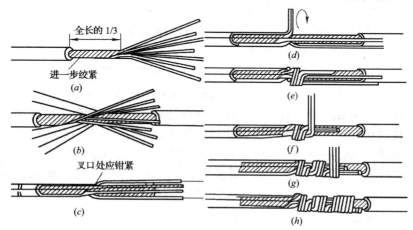

图3-18 7股铜芯导线的直接连接

拉直线芯。清洁线芯表面氧化层，然后再将线芯整理成伞状，把两伞状线芯隔根对叉。理平线芯，把7根线芯分成2、2、3三组，把第一组2根线芯扳成如图3-18（c）所示状态，顺时针方向紧密缠绕2圈后扳平余下线芯，再把第二组的2根线芯板垂直，如图3-18（d）、（e）所示。用第二组线芯压住第一组余下的线芯紧密缠绕2圈扳平余下线芯，用第三组的3根线芯压住余下的线芯，如图3-18（f）所示，紧密缠绕3圈，切除余下的线芯，钳平线端，如图3-18（g）所示。用同样的方法完成另一边的缠绕，完成7股导线的直线连接。

（2）7股铜芯导线的T形分支连接如图3-19所示。剖削干线和支线的绝缘层，绞紧支线靠近绝缘层1/10处的线芯，散开支线线芯，拉直并清洁表面，如图3-19（a）所示。把支线线芯分成4根和3根两组排齐，将4根组插入干线线芯中间，如3-19（b）所示。把留在外面的3根组线芯在干线线芯上顺时针方向紧密缠绕4～5圈，切除余下线芯，钳平线端。再用4根组线芯在干线线芯的另一侧顺时针方向紧密缠绕3～4圈，切除余下线芯，钳平线端，如图3-19（c）、（d）所示完成T形分支连接。

4. 单股铜芯线与多股铜芯线的分支连接

单股铜芯线与多股铜芯线的分支连接如图3-20所示。

5. 导线绝缘层的恢复

导线的绝缘层因外界因素而破损或导线在做连接后为保证安全用电，都必须恢复其绝缘。恢复绝缘后的绝缘强度不应低于原有的绝缘层的绝缘强度。通常使用的绝缘材料有黄蜡带、涤纶薄膜带和黑胶带等。做绝缘恢复时，绝缘带的起点应与线芯有两倍绝缘带宽的距离。包缠时黄蜡带与导线应保持一定倾角，即每圈压带宽的1/2。包缠完第一层黄蜡带后，要用黑胶布带接黄蜡带尾端再反方向包缠一层，其方法与前相同，以保证绝缘层恢复后的绝缘性能。

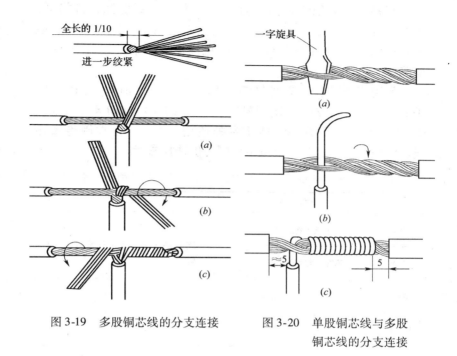

图 3-19　多股铜芯线的分支连接　　图 3-20　单股铜芯线与多股铜芯线的分支连接

第三节　导线、电缆的选择

在配电线路中，使用的导线主要有电线和电缆，导线的选择要考虑类型和截面两方面的要求。导线的选择是否合理，直接关系到线路的投资，以及供电的安全、可靠。

一、电线、电缆类型的选择

导线、电缆一般有铝芯和铜芯两种材质，铜芯导线在安全性和可靠性及使用寿命方面明显优于铝导线，但价格也高出数倍，可根据具体情况进行选择。

绝缘导线外皮的绝缘材料有塑料绝缘和橡皮绝缘。

塑料绝缘的绝缘性能良好，耐油和抗酸碱腐蚀，价格低，可节约橡胶和棉纱，在室内敷设应优先选用塑料绝缘导线。但塑料绝缘线不宜在户外使用，以免高温时软化，低温时变硬变脆。

常用塑料绝缘线型号有：BLV（BV）、BLVV（BVV）、BVR。常用的橡皮绝缘线型号有：BLX（BX）、BBLX（BBX）、BLXF（BXF）、BXR等，适于室外使用。表3-7为常用绝缘导线、电缆的型号、名称及适用范围，供选择参考。

常用绝缘导线、电缆型号、名称及适用范围　　表3-7

型号	名　称	适　用　范　围
BX	铜芯橡皮绝缘线	适用于室内交流额定电压500V或直流1 000V及以下电气设备及照明装置
BLX	铝芯橡皮绝缘线	
BXF	铜芯氯丁橡皮绝缘线	适用于交流额定电压500V或直流1 000V及以下的电气设备及照明装置，适用于室外敷设
BLXF	铝芯氯丁橡皮绝缘线	
BXR	铜芯橡皮软线	室内安装，要求导线较柔软的场所
BV	铜芯聚氯乙烯绝缘线	适用于交流额定电压500V或直流1 000V及以下的电器设备及电气线路，可明敷、暗敷
BLV	铝芯聚氯乙烯绝缘线	
BVV	铜芯聚氯乙烯绝缘、护套线	
BLVV	铝芯聚氯乙烯绝缘、护套线	
BV-105	铜芯耐热105℃绝缘线	固定敷设，适用于高温场所
BVR	铜芯聚氯乙烯绝缘线	室内安装，要求导线较柔软的场所
RV	铜芯聚氯乙烯绝缘软线	供各种低压交流移动电器接线用
RVV	铜芯聚氯乙烯绝缘护套线	
RV-105	铜芯耐热105℃绝缘软线	同RV，但用于高温场所

续表

型号	名称	适用范围
VV	铜芯聚氯乙烯绝缘聚氯乙烯护套电力电缆	敷设在室内、隧道内及管道中,不能承受外力作用
VLV	铝芯聚氯乙烯绝缘聚氯乙烯护套电力电缆	
VV_{22}	铜芯聚氯乙烯绝缘聚氯乙烯护套钢带铠装电缆	敷设在地下,能承受机械外力作用,但不能承受大的拉力
VLV_{22}	铝芯聚氯乙烯绝缘聚氯乙烯护套钢带铠装电缆	

近几年来,各地都在进行社会主义新农村电气化建设。鉴于供电安全性和可靠性的经验和教训,低压线路绝缘化是发展趋势。农村穿村而过或位于路边、村边的低压线路,应尽量使用绝缘导线。房屋内采用的配电线路及从电杆上引进户内的线路应选择绝缘导线。

二、导线截面的选择

导线截面的选择应满足发热条件、电压损失、机械强度等要求。根据设计经验,低压动力线因其负荷电流较大,所以一般先按发热条件选择截面,再校验电压损耗和机械强度。低压照明线路,因照明对电压要求较高,所以一般先按允许电压损耗来选择截面,然后校验其发热条件和机械强度。而对长距离线路电压损失将成为决定性条件。按以上经验选择,通常较易满足要求。

1. 按发热选择导线截面

各种导线通过电流时,要产生热量,使导线温度升高。裸导线的温度过高时,会使接头处的氧化加剧,增大接触电阻,使之进一步氧化,如此恶性循环,最后可发展到断线。而绝缘导线或电缆的温度过高时,可使绝缘加速老化甚至烧毁,引起火灾。因此，常采取限制载流量的方法以避免导线过热。电流通过导线发热，热量通过导线外包的绝缘层散发到空气中去。如果散发的热量正好等于导线所发出的热量，则导线的温度就不再升高。如果这个温度刚好是导线的最高允许温度（一般规定为70℃），那么这时的电流就是该导线的安全载流量（或称允许载流量用 I_{al} 表示）。通过导线的电流如果超过其安全载流量，则将导致导体过热。

各种导线的安全载流量与导线的型号、规格、敷设的方式，并列的根数、环境温度等均有关，计算起来是相当困难的，通常都从有关手册中查找。同一导线截面，在不同的敷设方式、不同的环境温度下，其安全载流量相差很大。几种常用导线的安全载流量见表3-8～表3-9。

下面主要介绍按发热条件选择一般三相线路的导线和电缆截面的方法。

三相系统相线截面的选择。按发热条件选择三相系统中的相线截面时，应使其安全载流量 I_{al} 不小于通过相线的负荷电流 I_{30}，即

$$导线安全载流量 I_{al} \geq 负荷电流 I_{30}$$

一般三相四线制线路的中性线截面，应不小于相线截面的50%，由三相四线制线路引出的两相三线线路和单相线路，由于其中性线电流与相线电流相等，因此它们的中性线截面应与相线截面相等。另外还应考虑保护线（接地线）截面的选择，从安全角度出发当相线截面不大于 $16mm^2$ 时，保护线（接地线）截面与相线截面一致；当相线截面大于 $16mm^2$ 时，保护线（接地线）截面应不小于相线截面的一半即可。

2．导线载流量的实用估算

为避免查表的不便，这里将湖北工业建筑设计院李西平先生编写的《导线载流量的计算口诀》推荐给读者，读者不必查找，只需记住口诀、弄清含义、配合心算、注意修正，便可对各种截面积的载流量进行简易估算。

铜芯聚氯乙烯绝缘导线穿管墙面或墙内敷设的允许载流量

表 3-8

额定截面 (mm^2)	2 根单芯线穿管 环境温度			穿管管径 (mm)		3 根单芯线穿管 环境温度			穿管管径 (mm)		4~5 根单芯线穿管 环境温度			穿管管径 (mm)	
	30℃	35℃	40℃	SC	PC	30℃	35℃	40℃	SC	PC	30℃	35℃	40℃	SC	PC
1.5	18	17	16	15	15	16	15	14	15	15	14	13	12	15	15
2.5	24	23	21	15	15	21	20	18	15	15	19	18	17	15	20
4	32	30	28	15	20	28	26	24	15	20	25	24	22	20	25
6	41	39	36	15	20	36	34	31	15	20	32	30	28	25	32
10	57	54	50	20	25	50	47	44	20	25	45	42	39	25	32
16	76	71	66	25	32	68	64	59	25	32	61	57	53	32	40
25	101	95	88	32	32	89	84	77	32	40	80	75	70	32	50
35	125	118	109	32	40	110	103	96	32	40	99	93	86	40	70
50	151	142	131	40	50	134	126	117	40	50	121	114	105	50	70
70	192	180	167	50	50	171	161	149	50	50	154	145	134	70	80
95	232	218	202	50	70	207	195	180	50	70	186	175	162	70	80
120	269	253	229	70	70	239	225	208	70	70	215	202	187	80	80
150	306	288	234	70	80	276	259	240	70	80	246	232	215	80	90
185	353	331	307	70	80	313	294	272	80	80	279	262	243	100	100

铜芯 BV

铝芯聚氯乙烯绝缘导线穿管墙面或墙内敷设的允许载流量

表3-9

额定截面 (mm^2)	2根单芯线穿管 环境温度			穿管管径 (mm)		3根单芯线穿管 环境温度			穿管管径 (mm)		4~5根单芯线穿管 环境温度			穿管管径 (mm)	
	30℃	35℃	40℃	SC	PC	30℃	35℃	40℃	SC	PC	30℃	35℃	40℃	SC	PC
铝芯 BLV 2.5	19	17	16	15	15	17	16	14	15	15	15	14	13	15	20
4	25	24	22	15	20	22	21	19	15	20	20	19	17	20	25
6	32	30	28	15	20	28	26	24	15	20	25	24	22	25	32
10	44	41	38	20	25	39	37	34	20	25	35	33	30	25	32
16	60	56	52	25	32	53	50	46	25	32	48	45	42	32	40
25	79	74	69	25	32	70	66	61	32	40	63	59	55	40	50
35	97	91	84	32	40	86	81	75	32	40	77	72	67	40	70
50	118	111	103	40	50	104	98	90	40	50	94	88	82	50	70
70	150	141	131	50	50	133	125	116	50	50	118	111	103	70	80
95	181	170	157	50	70	161	151	140	50	70	145	136	126	70	80
120	210	197	183	70	70	186	175	162	70	70	167	157	145	80	80

注：导线载流量的单位A，导线最高允许温度70℃；SC—钢管；PC—塑料管。

其口诀如下：

"10下5，100上二，25、35，四三界，70、95，两倍半；穿管、温度，八九折；裸线加一半；铜线升级算。"

该口诀的适用条件为：导线明敷设、铝芯绝缘线、环境温度25℃。如上述条件有变，用后三句来修正估算。

口诀对各种截面的载流量A（安）不是直接指出，而是用"截面乘上一定倍数"来表示。为此，应当先熟悉导线截面（mm^2）的排列：

1，1.5，2.5，4，6，10，16，25，35，50，70，95，120，150，185……

生产厂制造铝芯绝缘线的截面通常从2.5mm^2开始，铜芯绝缘线则从1mm^2开始；裸铝线从16mm^2开始，裸铜线则从10mm^2开始。

口诀第一句指出：口诀中阿拉伯数字表示导线截面（mm^2），汉字数字表示倍数。口诀中截面与倍数的排列关系如下：

对于1.5~10mm^2的导线可将其截面积数乘以5倍；对于16mm^2及25mm^2的导线可将其截面积数乘以4倍；对于35mm^2及50mm^2的导线可将其截面积数乘以3倍；对于70mm^2及95mm^2的导线可将其截面积数乘以2.5倍；对于100mm^2及150mm^2、185mm^2及以上的导线可将其截面积数乘以2倍。

现在再和口诀对照就清楚了，原来"10下五"是指截面从10以下，载流量都是截面数的五倍。"100上二"是指截面100以上，载流量都是截面数的二倍。截面25与35是四倍和三倍的分界处。这就是口诀"25、35 四三界"。而截面70、95则为二点五倍。从上面的排列可以看出：除10以下及100以上之处，中间的导线截面是每两种规格属同一种倍数。

下面以明敷铝芯绝缘线，环境温度为25℃，举例说明：

【例1】6mm^2的，按"10下五"算得载流量为30A（而查表是45A）。

【例2】70mm^2的，按"70、95 两倍半"算得载流量为175A（而查表是220A）。

【例3】 150mm² 的，按"100 上二"算得载流量为300A（而查表是360A）。

由此可见，口诀计算倍数还是较为保守的。

"穿管、温度，八、九折"是指：若是穿管敷设（包括线槽等敷设），按上述计算载流量后，打八折（乘0.8）。若环境温度超过25℃（我国大部分地区应按30~35℃考虑），应再打九折（乘0.9），或者简单地一次打七折计算（即 $0.8 \times 0.9 = 0.72$，约为0.7）。这也可以说是"穿管、温度，八、九折"的意思。

例如：10mm² 铝芯绝缘线，穿管、高温（七折）35A（$10 \times 5 \times 0.7 = 35A$）（而按35℃，2~3根载流导线穿塑料管查表是34~38A）。

如果导线不是绝缘线，而是裸铝线时，口诀指明"裸线加一半"即按上述基本适用条件计算出的载流量，再加一半（乘1.5），意即裸铝线较铝芯绝缘线的载流量加大50%。

如果导线为铜导线，口诀指出"铜线升级算"，即将铜导线的截面按截面排列顺序提升一级，再按相应的铝线条件计算。由于铝的电阻率是铜的1.69倍，在相同的环境条件下，等截面铜导线的载流量是铝导线的1.3倍；若以通过电流来考虑，则相同负载电流铝导线的截面是铜导线的1.69倍。事实上敷设条件相同条件下，某一规格铜导线与相临更大一级同类型的铝导线载流量相当。

值得注意的是：由导线标称截面与倍数的对应关系不难看出，截面越大，倍数越小。这是因为截面大的导线由于受集肤效应及散热条件的影响，所以其倍数要逐渐减小。倍数实质上就是允许电流密度。口诀指出的倍数关系仅是一个大致范围，应注意对于临界数的倍数不是突变的，必须加以适当修正。

下面这个估算口诀和上面的有异曲同工之处：

二点五下乘以九，往上减一顺号走。

三十五乘三点五，双双成组减点五。

条件有变加折算，高温九折铜升级。

穿管根数二三四,八七六折满载流。

说明:

"二点五下乘以九,往上减一顺号走"说的是 2.5mm² 及以下的各种截面铝芯绝缘线,其载流量约为截面数的 9 倍。如 2.5mm² 导线,载流量为 $2.5 \times 9 = 22.5A$。从 4mm² 及以上导线的载流量和截面数的倍数关系是顺着线号往上排,倍数逐次减 1,即 4×8、6×7、10×6、16×5、25×4……

"三十五乘三点五,双双成组减点五",说的是 35mm² 的导线载流量为截面数的 3.5 倍,即 $35 \times 3.5 = 122.5A$。从 50mm² 及以上的导线,其载流量与截面数之间的倍数关系变为两个线号成一组,倍数依次减 0.5。即 50mm²、70mm² 导线的载流量为截面数的 3 倍;95mm²、120mm² 导线载流量是其截面积数的 2.5 倍,依此类推。

"条件有变加折算,高温九折铜升级"。上述口诀是铝芯绝缘线明敷在环境温度 25℃ 的条件下而定的。若铝芯绝缘线明敷在环境温度长期高于 25℃ 的地区,导线载流量可按上述口诀计算方法算出,然后再打九折即可;当使用的不是铝线而是铜芯绝缘线,它的载流量要比同规格铝线略大一些,可按上述口诀方法算出比铝线加大一个线号的载流量。如 16mm² 铜线的载流量,可按 25mm² 铝线计算导线截面积与载流量的计算。

读者不妨自己加以验证。

3. 按允许电压损失选择导线截面

任何输电线路都存在着线路阻抗,当电流通过线路时,必将在线路阻抗上产生压降。为了保证用电设备的正常运行,用电设备的端电压必须在要求的范围内,所以对线路的电压损失必须限制在规定的允许值内。为了保证电压损失在允许值范围内,可以通过适当增大导线的截面来解决,但应保持合理的供电距离。

按允许电压损失选择低压导线截面(用 S 表示),可参考以下经验公式。

三相四线制供电:

$S = 2 \times$（千瓦×千米）（mm²）——铜导线

$S = 3 \times$（千瓦×千米）（mm²）——铝导线

单相220V供电：

$S = 12 \times$（千瓦×千米）（mm²）——铜导线

$S = 20 \times$（千瓦×千米）（mm²）——铝导线

所以只要知道了用电负荷的大小千瓦（kW）数和供电距离千米（km），就可以方便地运用上述公式求出导线截面。

4．按机械强度选择导线截面

考虑导线自身的重量，以及敷设过程中承受拉力，要求导线不能过细，否则容易拉断，因此，导线的截面应不小于最小允许截面，如表3-10所列。

架空铝绞线的最小截面积不得小于16mm²。

绝缘导线最小允许截面 表3-10

序号	用途及敷设方式	线芯的最小截面（mm²）		
		铜芯软线	铜线	铝线
1	照明用灯头线 （1）屋内 （2）屋外	0.4 1.0	1.0 1.0	2.5 2.5
2	移动式用电设备 （1）生活用 （2）生产用	0.75 1.0	— —	— —
3	架设在绝缘支持件上的绝缘导线其支持点间距 （1）2m及以下，屋内 （2）2m及以下，屋外 （3）6m及以下 （4）15m及以下 （5）25m及以下	— — 	1.0 1.5 2.5 4 6	2.5 2.5 4 6 10
4	穿管敷设的绝缘导线	1.0	1.0	2.5
5	塑料护套线沿墙明敷设	—	1.0	2.5

三、负荷电流的估算

电流的大小直接与功率有关，也与电压、相别、力率（功率因数）等有关。一般均有公式可供计算，对于220/380V三相四线系统，可以根据功率的大小直接估算出电流。

估算要点：

（1）三相动力设备（三相电动机）1kW 2A，即设备千瓦数的2倍就是电流的大小；

（2）三相电热设备（电阻炉）1kW 1.5A，即设备千瓦数的1.5倍就是电流安培数；

（3）单相220V用电设备1kW 4.5A，即设备千瓦数的4.5倍就是电流安培数。

【例4】55kW三相电动机其电流约为110A。

【例5】3kW三相电加热器电流约为4.5A。

【例6】1 000W投光灯（单相）电流约为4.5A。

第四节 常用低压电器的使用与安装

低压电器通常是指工作在额定电压交流1 200V或直流1 500V及以下的电路中起着通断、控制、保护及调节等作用的电器设备。在农村，低压电器对小型水电站、农副产品加工机械、电力排灌设备、农机制造设备等的控制，以及在人们的日常生活中均得到了极为广泛的应用。

常用的低压电器设备有刀开关、熔断器、低压断路器、接触器及磁力启动器等。

一、刀开关

低压刀开关是一种简单的手动操作电器，用于非频繁接通和切断容量不大的低压供电线路，并兼作电源隔离开关。按工作原理和结构形式,刀开关可分为胶盖瓷底闸刀开关、封闭式负荷开关、熔断式刀开关、组合开关等几种。按其极数可分为单极、双极、三极。按其操作方式可分为单投和双投。

1. 胶盖闸刀开关

胶盖闸刀开关是普遍使用的一种刀开关。其闸刀安装在瓷质底板上,每相附有熔丝和导线接线柱,用胶木罩壳盖住闸刀,以防止切断电源时电弧伤人。胶盖闸刀开关结构简单、价格便宜、使用方便,在工农业及民用建筑工程中广泛使用,单相双极刀开关可用在单相电路中,三相胶盖闸刀开关在小电流配电系统中用来接通和切断三相电路,也可用于容量不大于 5.5kW 的三相异步电动机的全压启动操作。胶盖闸刀开关的型号有 HK_1、HK_2 两种,其中 H 表示负荷,K 表示开启式,数字表示设计序号,胶盖闸刀开关外形结构见图 3-21。

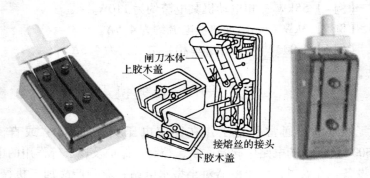

图 3-21　HK_2 闸刀开关

2. 铁壳开关

铁壳开关又称封闭式负荷开关,它具有通断性较好、操作方便和使用安全等优点,适用于乡镇企业、农村电力排灌和照明线路的配电设备中,作为不频繁启动与分断负载 15kW 以下电动机以及线路末端的短路保护之用。

铁壳开关是由带灭弧装置的刀开关与熔断器串联组合装在封闭式铁壳内组成的组合电器,其外形结构如图 3-22 所示。为了保证用电安全,铁壳上装有机械联锁装置,当箱盖打开时,不能合闸;合闸后,箱盖不能打开。

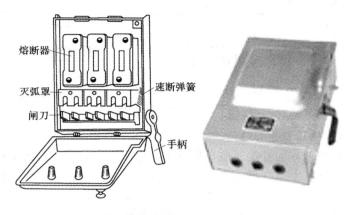

图 3-22 铁壳开关

常用的封闭式负荷开关有 HH_3、HH_4、HH_{10}、HH_{11} 等。HH_3、HH_4 技术数据见表 3-11 所示。

HH_3、HH_4 技术数据 表 3-11

型号		极数	额定电压(V)	熔体额定电流(A)
HH_3	100 型	2、3、3+中性线座	250 或 500	10、15、20、30、60、100
	200 型			100、200
HH_4		2、3、3+中性线座	250 或 500	15、30、60

3. 熔断器式刀开关

熔断器式刀开关也称刀熔开关,其熔断器装于刀开关动触片中间,结构紧凑,可代替分列的刀开关和熔断器,安装在电力配电箱内。常用的型号有 HR_3、HR_5、HR_{15} 等,HR_3 系列规格技术数据见表 3-12。

HR₃ 技术数据　　　　　　　　　　表 3-12

型号	极数	额定电压（V）	熔体（RTO）额定电流（A）
HR$_3$ - 100	2、3	2 极：250； 3 极：交流 380； 直流：440	30、40、50、60、80、100
HR$_3$ - 200			120、150、200
HR$_3$ - 400			200、250、300、350、400
HR$_3$ - 600			450、500、550、600

4．低压刀开关的选择

选择低压刀开关，应当根据用途选用适当的系列，根据额定电压、计算电流选择规格。安装刀开关的线路，其额定的交流电压不应超过 500V，直流电压不应超过 440V。为保证刀开关在正常负荷时安全可靠运行，通过刀开关的负荷电流应小于或等于刀开关的额定电流。

在正常情况下，闸刀开关可以接通和断开自身标定的额定电流，因此对于普通负荷来说，可以根据负荷的额定电流来选择相应的刀开关。当用刀开关控制电动机时，由于电动机的启动电流大，选择刀开关的额定电流要比电动机的额定电流大一些，一般是电动机额定电流的 3 倍。如果电动机不需要经常启动，刀开关的额定电流可为电动机额定电流的 2 倍左右。铁壳开关与电动机容量的配合见表 3-13。

铁壳开关与电动机容量的配合　　　　　表 3-13

铁壳开关额定电流（A）	所控制电动机的最大容量（kW）	
	220V	380V
10	1.5	2.2
15	2	3
20	3.5	5.5
30	4.5	7.5
60	9.5	15

二、低压熔断器

1. 低压熔断器的保护特性

熔断器（俗称保险丝）在低压配电线路中主要起短路保护作用。熔断器主要由熔体（熔丝）和放置熔体的绝缘管或绝缘底座组成。使用时，熔断器串接在被保护的电路中，当通过熔体的电流达到或超过了某一额定值，熔丝产生的热量使自身熔断，切除故障电流，达到保护目的。

农村中常用的低压熔断器有瓷插式、螺旋式、无填料封闭管式、有填料封闭管式、外线用低压熔断器等。由于熔断器结构简单、价格便宜、维护方便以及尺寸小，在低压电路中得到广泛使用。

2. 熔断器的种类

熔断器的种类、使用范围及其特点见表 3-14 所示；常用熔断器的技术数据见表 3-15。

熔断器的种类、使用范围及其特点　　　表 3-14

型号	名称	应用范围及特点
RC	瓷插式熔断器	适用于交流分支线的过载和短路保护；结构简单、维修方便
RM	无填料密闭管式熔断器	用于电力网过载和短路保护；能避免相间短路
RT	有填料密闭管式熔断器	用于大短路电流的网络作短路和过载保护；分断能力强和限流作用
RL	螺旋式熔断器	适用于配电线路中作过载和短路保护，也常用做电动机的短路保护电器
RS	有填料密闭管式快速熔断器	用于保护可控硅及整流电路的快速熔断器

常用熔断器技术数据　　　　表 3-15

型号	熔断器额定电压（V）	熔断器额定电流（A）	熔丝或熔片额定电流（A）	极限开断能力（kA）
RC1A-5	AC380	5	1、2、3、4	0.75
RC1A-10		10	2、4、6、10	0.75
RC1A-15		15	6、10、15、	1
RC1A-30		30	15、20、25、30	4
RC1A-60		60	30、40、50、60	4
RC1A-100		100	60、80、100	5
RC1A-200		200	100、120、150、200	5
RM10-15	AC220、380 DC220、440	15	6、10、15	1.2
RM10-60		60	15、20、25、35、45、60	3.5
RM10-100		100	60、80、100	10
RM10-200		200	100、125、160、200	10
RL1-15	AC380 DC220	15	2、4、5、6、15	25
RL1-60		60	20、25、30、35、40、50、60	25
RL1-100		100	60、80、100	50
RL1-200		200	100、125、150、200	50
RT0-50	AC380 DC220	50	5、10、15、20、30、40、50	50
RT0-100		100	30、40、50、60、80、100	50
RT0-200		200	120、150、200	50

瓷插式熔断器、螺旋式熔断器外形结构如图 3-23、图 3-24 所示。

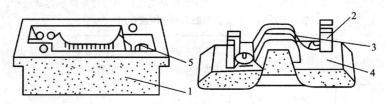

图 3-23　瓷插式熔断器
1—瓷座；2—动触头；3—熔丝；4—瓷盖；5—静触头

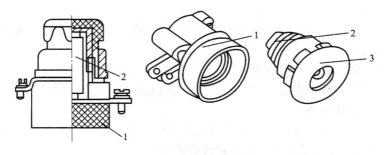

图 3-24 螺旋式熔断器
1—瓷套；2—熔管；3—瓷帽

3．熔断器的选择

熔断器的选用，应根据实际使用条件确定熔断器的类型，按电网电压选用相应等级的熔断器，熔断器的额定电压应不小于线路的额定电压；熔断器的额定电流应不小于熔体的额定电流。

熔断器熔体在短路电流作用下应可靠熔断，起到应有的保护作用，如果熔体选择偏大，负载长期过负荷熔体不能及时熔断；如果熔体选择偏小，在正常负载电流作用下就会熔断。为保证设备的正常运行，必须根据设备的性质合理地选择熔体。

照明电路：

（1）电灯支路：熔体额定电流不小于支路上所有电灯的工作电流之和。

（2）电灯总路：装于电度表出线处的熔体额定电流 = (0.9~1.0) ×电度表额定电流大于全部电灯的工作电流。

电动机电路：

（1）单台直接启动电动机：熔体额定电流 = (1.5~2.5) ×电动机额定电流。

（2）多台直接启动电动机：总熔体额定电流 = (1.5~2.5) ×功率最大的电动机额定电流 + 其余电动机额定电流

之和。

（3）降压启动电动机：熔体额定电流 =（1.5~2）×电动机额定电流。

配电变压器低压侧：

熔体额定电流 =（1~1.2）×变压器低压侧额定电流

电热设备：

熔体额定电流不小于电热设备额定电流。

4. 熔断器保护与被保护线路的配合

熔断器只作短路保护时，熔体额定电流不应大于电缆或穿管绝缘导线长期允许电流值的 2.5 倍；或明敷绝缘导线长期允许电流值的 1.5 倍。熔断器不仅作短路保护，而且还作过负荷保护时，熔体额定电流不应大于绝缘导线或电缆长期允许电流值的 0.8 倍。

三、低压断路器

1. 低压断路器的用途

低压断路器是一种应用广泛的控制设备，也称自动空气断路器或自动空气开关。低压断路器在结构上有较好的灭弧性能，可以接通、断开正常负荷电流（正常分、合闸），并可自动切断过负荷电流和短路故障电流。主要用于配电线路和电气设备的过负荷、欠电压、单相接地和短路保护。常在配电箱中作为总开关和分支开关及保护使用。

2. 低压断路器的分类

按其用途分类可分为：配电线路保护用、电动机保护用、照明线路保护用及漏电保护用等几种。

配电用低压断路器按结构分类，又可分为框架式（万能式）及装置式（塑壳式）两种。

框架式低压断路器可以带多种脱扣器和辅助触头，操作方式多样，装设地点灵活。目前常用的型号有 CW1、CW2、DW45、DW50、DW18 等系列。框架式断路器一般容量较大，具有较高的短路分断能力和较高的动稳定性,适用于交流50Hz,额定电流380V的配电网络中作为配电干线的主保护。框架式断路器的外形结构见图3-25（a）。

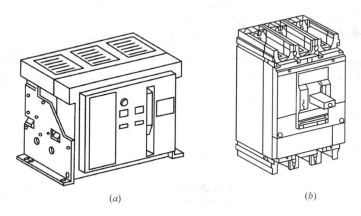

图 3-25　断路器的外形结构
（a）框架式断路器；（b）塑壳式断路器

装置式断路器有绝缘塑料外壳,内装触点系统、灭弧室及脱扣器等,可手动或电动（对大容量断路器而言）合闸。有较高的分断能力和动稳定性,有较完善的选择性保护功能,广泛用于配电线路。目前常用的有 CM1、CM2、DZ20、DZX19 和 C65N、DZ47 等系列产品。其中 C65N、DZ47 等系列属于模数化微型断路器,具有体积小、分断能力高、限流性能好、操作轻便、型号规格齐全,可以方便地在单极结构基础上组合成二极、三极、四极断路器的优点,广泛使用在63A及以下的民用照明支干线及支路中（多用于住宅用户的进线开关及分支开关）。塑壳式断路器的外形结构见图3-25（b）,微型断路器的外形结构及实物照片见图3-26。

按脱扣器的类型可分为励磁脱扣、过电流脱扣（有瞬时脱扣、短延时、长延时三种）和失压脱扣等。

3. 低压断路器技术参数

常用低压断路技术参数见表3-16。

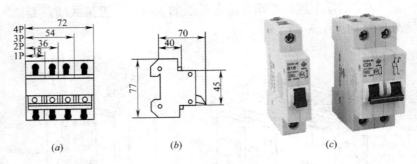

图 3-26 模数化微型断路器的外形结构
（a）正面；（b）侧面；（c）实物照片

低压断路器型号及其技术参数　　　　表 3-16

型号	极数	过流脱扣器 额定电流（A）	额定电压 （V）	分断能力 （kA）
DZ47-63	1、2、3、 4 极	6、10、16、20、25、 32、40、50、63	230/400	6
DZ20	3 极	63、80、100、125、160、 180、200、250、350、400	230/400	10~42
C65N	1、2、3、 4 极	6、10、16、20、25、 32、40、50、63	230/400	6、10

4．断路器的选用

低压断路器的选择包括类型及参数的确定，首先根据用途选择断路器的形式和极数。框架式断路器的短路通断能力高，又有短延时脱扣能力，所以常作主干线开关之用；塑壳式断路器结构简单成本低，大都无短延时脱扣能力，则常作支路开关之用。另外需根据额定工作电压、脱扣器的类型和整定电流等选择断路器的型号。

低压断路器参数的选择整定包括额定电压、额定电流（主触头长期允许通过的电流）的确定；长延时脱扣器的动作电流（脱扣器不动作时，长期允许通过的最大电流），瞬时脱扣器动作电流（线路电流达到该值断路器瞬时跳闸）。

一般选用原则为：

（1）断路器额定电压不小于线路的额定电压；

（2）断路器额定电流不小于负载工作电流；

（3）断路器脱扣器额定电流及长延时脱扣器的动作电流不小于负载工作电流；长延时脱扣器的动作电流不大于导线允许载流量（安全工作电流）；

（4）断路器额定短路通断能力不小于线路中可能出现的最大短路电流；

（5）线路末端单相对地短路电流÷断路器瞬时（或短路时）脱扣器动作电流不小于1.25；

（6）断路器用于照明线路或一般配电线路：

长延时脱扣器的动作电流＝负载工作电流；

瞬时脱扣器动作电流＝6×长延时脱扣器的动作电流；

（7）断路器用于保护三相交流电动机线路：

长延时脱扣器的动作电流＝电动机额定电流；

瞬时脱扣器动作电流＝（8～15）×长延时脱扣器的动作电流；

（8）断路器用作配电变压器低压侧总开关：

长延时脱扣器的动作电流＝变压器低压侧额定电流；

短延时脱扣器动作电流＝（3～4）×长延时脱扣器的动作电流，动作时间0.4～0.6s（秒）；

瞬时脱扣器动作电流＝（5～6）×长延时脱扣器的动作电流。

四、漏电保护断路器

漏电保护断路器又称漏电保护开关或触电保安器，是用来防止人身触电和设备事故的主要技术装置。漏电保护断路器是在断路器上加装漏电保护器件,当低压线路或电气设备上发生人身触电、漏电和单相接地故障时,漏电保护开关便自动切断电源,以保护人身及设备的安全,还可以防止因线路漏电而引起的火灾事故。

按照动作原理,漏电断路器可分为电压型、电流型和脉冲型。按照结构,可分为电磁式和电子式。其中电磁式电流型漏电断路器因可靠性高、抗干扰能力强、工作稳定而获得了广泛应用。适合家用的漏电保护断路器(与微型断路器配套)如图3-27所示。

1. 漏电保护断路器的选择

漏电保护断路器兼有断路器和漏电保护两方面的功能,故其选择除按断路器一般条件确定相关参数外,还应对漏电保护动作电流进行整定。漏电保护动作电流越小,安全保护性能越高,但是任何配电线路和用电设备都有一定的正常泄漏电流,当所选漏电保护断路器动作电流小于线路正常工作的泄漏电流时,漏电保护断路器将无法投入运行。根据经验,普通住宅及多层单元住宅通常选择漏电动作电流30mA、额定工作电流6~25A的漏电保护断路器;对于木结构住房漏电动作电流可选为15mA(毫安)。

2. 漏电保护断路器的安装使用

(1)家用漏电断路器的安装比较简单,但应注意电源进线必须接漏电断路器外壳上标有"电源"的一方,出线应接标有"负载"的一方,不可接反。

(2)安装位置应干燥、通风、无振动。

(3)漏电断路器安装好后应进行

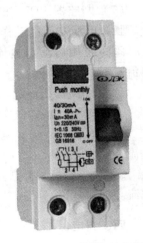

图3-27 漏电保护断路器

试跳，试跳方法是在带电状态下，将试跳按钮按下，如漏电断路器开关跳开，则为正常。如发现拒跳，说明漏电断路器有故障，没有保护作用，应检查原因，更换或送修理单位修理。日常使用中，也应定期作这种检查。

（4）正常使用中出现漏电断路器跳闸动作时，应先检查漏电指示按钮，若按钮已跳起凸出，说明线路中有漏电或触电故障，只有排除故障后才能将漏电指示按钮按下复位，重新合闸。若漏电指示按钮没有凸出，则说明非漏电动作而是线路出现过载故障。若出现频繁跳闸切忌自行拆除漏电断路器，应该通知专业电工检查室内线路和用电设备，排除故障。

五、交流接触器

1. 接触器的结构原理

接触器也称为电磁开关，它是利用电磁铁的吸力可频繁接通和断开电路的一种控制电器，也可根据实际需要实现远距离控制和自动控制。接触器按其电流性质可分为直流接触器和交流接触器两类，在工农业生产中主要应用交流接触器。

交流接触器由主触头、电磁铁、辅助触头及本体等部分组成。主触头起接通、分断电路的作用，电磁铁通电时吸合带动主触头闭合，断电时释放带动主触头分断。辅助触头在电磁铁吸合后可使电磁铁持续通电，也可用于外接信号等。配套使用按钮、继电器等可用来控制交流接触器的接通和分断，按钮可以安装在任何地方，因此可以实现远距离控制（异地控制）。

2. 接触器的选择

常用的交流接触器有 CJ10、CJ12 和 CJ20 等。CJ10 的额定电流等级有 5A、10A、20A、40A、60A、100A、150A；CJ12 的额定电流等级有 100A、150A、250A、400A、600A；CJ20 的额定电流等级有 63A、160A、250A、630A 等。

接触器主要的技术数据有额定电压、额定电流（均指主触头)、电磁线圈额定电压等。应用中一般选其额定电压不小于线路工作电压,额定电流应大于负载工作电流,通常负载额定电流为接触器额定电流的 70% ~80% 。

六、电能表

电能表也称电度表(俗称火表),在用电管理中是不可缺少的,凡是计量用电的地方均应设电能表。电能表种类繁多,按计量的电能的不同,分为有功电能表、无功电能表,常见的是有功电能表,用来计算耗用电量的大小。由于用途不同,电度表又分为单相电能表和三相电能表,一般家庭所用的电能表多为单相。按原理划分,电能表分为感应式和电子式两大类;按附加功能划分,有多费率电能表、预付费电能表、多用户电能表、多功能电能表等。

感应式电能表技术成熟、性能稳定,采用电磁感应的原理把电压、电流、相位转变为磁力矩,推动铝制圆盘转动,圆盘的轴(蜗杆)带动齿轮驱动计数器的鼓轮转动,转动的过程即是时间量累积的过程。因此感应式电能表的好处就是直观、动态连续、停电不丢数据。目前应用最多的仍然是感应式电能表。

电子式电能表运用模拟或数字电路得到电压和电流向量的乘积,然后通过模拟或数字电路实现电能计量功能。由于应用了数字技术,分时计费电能表、预付费电能表、多用户电能表、多功能电能表纷纷登场,进一步满足了科学用电、合理用电的需求。

1. 电能表的选用

DD862 - 4 型、DD862a - 4 型单相电能表是全国联合设计感应式电能表,用于计量频率为 50Hz 的单相交流有功电能;DDJ862 - 4 型是具有防窃电功能的感应式单相交流有功电能表;DDSY 系列是单相电子式预付费电能表;DDSF 系列单相电子式多费率电能表可分时按不同费率计量有功电能。电能表的规格有

1.5（6）、2.5（10）、5（20）、3（12）、10（40）、15（60）、20（80）、30（100）等。

电能表在额定电压下、线路工作电流达其额定电流的20%～120%、额定频率为50Hz的条件下工作时，才能保证足够的准确度，否则会使误差增大。因此，电能表应根据负荷电流的大小合理地选用。建议经济发达地区家用电能表可选10（40）、15（60）、20（80）等规格；欠发达地区可选2.5（10）、5（20）、10（40）等规格。

2. 电能表的接线

有直接接入和经电流互感器接入两种形式，在电流不大的线路中，即线路电流不超过电度表的额定电流，可以直接接入；在大电流线路中，电度表的电流线圈要通过电流互感器接入线路。电能表的接线见图3-28～图3-30。

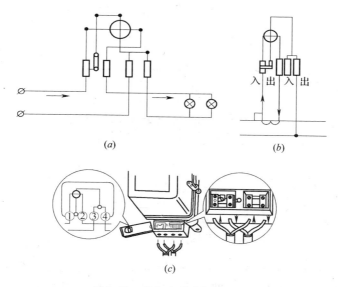

图3-28 单相电能表原理接线图
（a）直接连线；（b）经电流互感器连线；（c）直接接入示意图

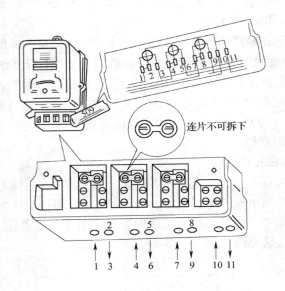

图 3-29　三相电表直接接入示意图

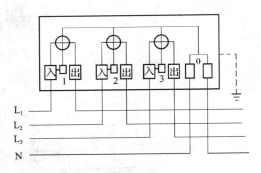

图 3-30　三相四线电能表原理接线图

3. 你家的电表走得准吗——简易测试家用电能表是否准确

精确地校对电能表准不准，需由专业计量部门进行。但如果自己想大致估量一下家中的电度表走得准不准，方法并不复杂。

电能表的读数：要想知道一段时间内（如最近一个月）用了多少度电，只需要将电能表本次读数减去上次读数，即为实际用电量。

我们知道，用电器功率为1kW，通电1h，消耗1度电（千瓦小时，kWh）。在电能表铭牌上，标有电能表主要参数，其中×××r/kWh，叫做电能表常数，表示用电器消耗1度电，表中铝盘旋转××××圈。假如电能表常数是2 400r/kWh，那么100W的灯泡点亮1h，消耗1/10度电，铝盘旋转的圈数为2 400×（1/10）=240圈。100W的灯泡点亮1min（分钟），铝盘旋转的圈数应为240÷60=4圈。

现在关闭家中所有用电器，只点亮一个100W灯泡，使电能表铝盘旋转起来。记录下在1min（分钟）内铝盘转过的圈数。如果测得的圈数大于4圈，说明电能表偏快（多交电费噢）；如果测得的圈数等于4圈，说明电能表走得准；如果测得的圈数小于4圈，说明电能表偏慢。若想提高测试的准确度，可适当延长测试时间，如果发现电能表误差较大应及时进行校正。

4. 估测用电器的功率

如果需要知道用电器的功率，利用电能表也可进行简单测试。1度（kWh）=3 600 000W·s，若电能表常数是2 400r/kWh，那么电表铝盘每转一圈表示耗电3 600 000÷2 400=1 500W·s（瓦·秒），这是在电能表上接上被测用电器，观察电能表上铝盘转一圈所用的时间。假定转一圈用了15s，那么1 500÷15=100，就是该用电器的功率为100W。

七、灯开关与插座

照明灯具控制开关用于对单个或多个灯进行控制，工作电压为250V，额定电流有6A、10A等，有拉线式和跷板式等多种形式，跷板式又分明装式和暗装式，有单极和多极、单控和双控之分。

插座是移动用电设备、家用电器和小功率设备的供电电源，一般插座是长期带电的，在设计和使用时要注意这一点。插座根据线路的明敷设和暗敷设的要求，也有明装式和暗装式两种。插座按所接电源相数分三相和单相两类。单相插座按孔数可分二孔、三孔。两孔插座的左边是零线、右边是相线；三孔也一样，只是中间孔接保护线。常用的跷板开关和单相插座参见图3-31。

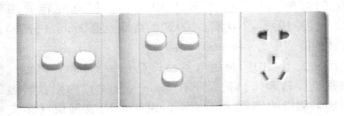

图 3-31　常用的跷板开关和单相插座

八、低压配电盘和配电箱

在低压配电系统中，通常配电箱是指墙上安装的小型动力或照明成套配电设备，而配电柜或开关柜是指落地安装的体形较大的动力或照明配电设备。配电箱内安装有控制设备（低压断路器、刀开关等）、接线端子排、保护设备、测量仪表和漏电保护器等。与配电屏相比，配电箱的功能比较单一，体积也较小，主要用来接受电能和分配控制电能。合理的配置配电箱，可以提高用电的安全性和可靠性。

1. 配电盘

在乡村低压配电线路中，过去应用最多的是简易配电板即在一块木板上安装电能表、闸刀开关、熔断器等，小容量配电盘见图3-32。这种配电盘成本低，但安全性和可靠性较差，也不美观，应逐步淘汰。

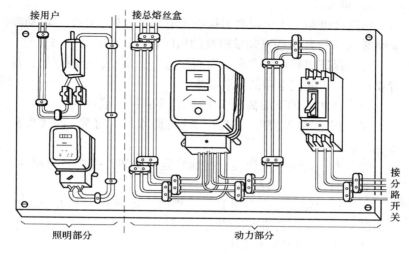

图 3-32 小容量配电盘

2. 小型家用配电箱

随着农村经济的发展，农民生活水平的提高，人们对用电的安全性和室内美观性越来越重视，由专业生产厂家生产的标准家用小型配电箱开始受到青睐。一种配置电能表的照明配电箱如图 3-33 所示。从用电管理角度出发，电表出户是发展趋势，即将相邻若干家庭的电能表集中安装在专门的电表箱内，而家庭户内只装开关箱。小型照明开关箱如图 3-34 所示。

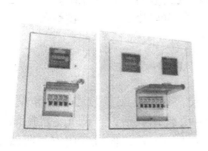

图 3-33 带电能表的照明配电箱

图 3-34 小型照明开关箱

3. 田间配电箱

田间配电箱适用于向电力排灌、电动脱粒机、电犁、电动高压喷雾（喷粉）机等电动农机具的田间供电。

为了保证田间用电安全，田间配电箱必须安装牢固可靠、符合要求。对田间配电箱的安装要求：

（1）配电箱的下沿离地面1.3m，不宜过高或过低。

（2）配电箱应达到"三防一通"（防水、防雨雪、防飞虫和通风）的要求；

（3）每一配电箱都应装有接地装置，金属外壳应可靠接地，接地电阻不得大于10Ω；

（4）配电箱应具有配电计量、馈电、电压指示和漏电保护等功能，并可根据负荷容量的大小选择相应的元器件；

（5）配电箱应装有门锁。

第五节 电气照明

电气照明是现代人们日常生活和工作不可缺少的条件。在电气照明中，使用各种各样的光源，按其工作原理可以分为两大类。

热辐射光源：利用电能使物体加热到白炽程度而发光的光源称为热辐射光源如白炽灯、卤钨灯等。

气体放电光源：利用气体或蒸汽放电而发光的光源，如荧光灯、荧光高压汞灯、高压钠灯、金属卤化物灯、低压钠灯等。

一、常用照明电光源

1. 白炽灯

白炽灯是第一代电光源的代表。其光谱能量为连续分布型，故显色性好。白炽灯具有结构简单，使用灵活，可调光，能瞬间点燃，无频闪现象，可在任意位置点燃，价格便宜等优点，所以仍是目前广泛使用的光源之一。但因其大部分热辐射为红外线，故发光效率较低、且使用寿命较短,适用于照度要求低,频繁开关的户内、外照明。白炽灯按其构造和工艺的不同可分为普通型、磨砂型、漫反射等形式。

白炽灯的结构:白炽灯主要由灯头、灯丝和玻璃壳组成。

灯头可分为螺口和卡口两种。常用灯座见图 3-35 所示。灯丝是用耐高温(可达 3 000℃)的钨丝制成。玻璃壳分透明和磨砂两种,壳内一般都抽成真空,对 60W 以上的大功率灯泡,抽成真空以后,往往充以惰性气体(氩气或氮气)。

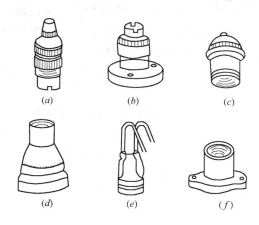

图 3-35 常用灯座
(a)插口吊灯座;(b)插口平灯座;(c)螺口吊灯座;
(d)螺口平灯座;(e)防水螺口吊灯泡;(f)防水螺口平灯座

白炽灯的工作原理及技术数据:在白炽灯上施加额定电压时,电流通过灯丝,灯丝被加热成白炽体而发光,因此称为白炽灯。输入到白炽灯上的电能,大部分变成热能辐射掉,只有 10% 左右的电能转化为光能。

2. 卤钨灯

卤钨灯是一种管状光源,它是在具有钨丝且耐高温的石英灯管中充以微量的卤化物(碘化物和溴化物),而利用卤钨的再生循环作用来提高发光效率的一种光源,卤钨灯的光谱能量分布为连续型,故显色性好。卤钨灯具有体积小、功率大、发光效率较白炽灯高、能瞬时点燃、可调光、无频闪效应、光通稳定和寿命长等特点。这种灯适用于面积较大、空间高的场所,其色温特别适用于电视转播摄像照明。其缺点是对电压波动比较敏感、灯管表面温度很高(在600℃左右)。

3. 荧光灯

荧光灯(俗称日光灯)也是管状光源。它是一种低压汞蒸气放电灯,简称荧光灯,是光源发展史上第二代光源的代表。它是靠汞蒸气放电时发出紫外线激发内壁的荧光粉而发光的。改变荧光粉的成分即可获得不同的可见光谱,适用于照度要求较高的屋内照明。按其色温,荧光灯可有四种光色:

(1)日光色。其色温约为6 500K(开),与微阴的天空光色相似。

(2)白色。其色温约为4 500K,与日出两小时后的太阳直射光相似。

(3)暖色光。其色温约为3 000K,与白炽灯光接近。

(4)三基色光。该类灯的管壁分蓝、绿、红三个狭窄区域,并分别涂有发光的三基色荧光粉,其色温与暖白色荧光灯接近。

荧光灯比白炽灯有显著的优点,即光色好,特别是日光色荧光灯,其光谱特性接近天然光的谱线,且光线柔和,温度较低,而发光效率比白炽灯高2~3倍,使用寿命长(可达3 000h以上)。它被广泛用于进行精细工作、照度要求高或进行长时间紧张视力工作的场所。

荧光灯的额定寿命,是指每开关一次燃点3h而言。所以频繁开关会使涂在灯丝上的发射物很快耗尽,缩短了灯管的使用寿命,因此它不适宜用于开关频繁的场所。

荧光灯在低温环境下启动困难,因此低温环境应使用低温用的荧光灯或挑选放电电压较高的启辉器配用。

荧光灯由50Hz(赫兹)交流电供电时,频闪效应比较明显。

为了防止灯光闪烁,常将相邻的灯管接到电源的不同相上,或将两只荧光灯并列使用,但要求一只按正常方式接线,而另一只接入电容器移相,使两电流不同时为零,从而减弱光的闪烁。当荧光灯由直流电源供电时,应按顺极性接线,如启辉器的静片接正极、动片接负极。

荧光灯的结构:荧光灯主要由灯管、启辉器、整流器等组成,如图3-36所示。

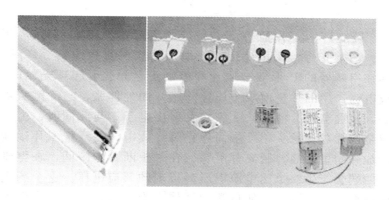

图3-36　荧光灯的结构配件示意图

灯管:主要由灯丝、灯头、玻璃管等组成,灯管内壁上涂有一层荧光粉(有毒的金属盐),灯管两端各有一个灯丝。灯丝由钨丝构成,用以发射电子。灯管内在真空情况下充有一定量的氩气与少量汞(水银)。

启辉器:主要由氖泡、电容器、电极、外壳等组成。氖泡为充有氖气的玻璃泡,其内装有由U形双金属片及静触头组成的两个电极,其间留有很小的间隙。电容器的电容值约$0.006 \sim 0.007\mu F$(微法),用以消除U形双金属片脱离静触头时发生的电火花,并避免荧光灯对收音机和电视机的干扰。

整流器:传统的整流器主要由铁心和线圈组成。整流器是一只绕在硅钢片铁心上的电感线圈,它有两个作用:在启动时与启辉器的配合,产生瞬时高电压,促使灯管放电;在工作时起限制灯管中电流的作用。老式电感整流器由于存在功率因数低，低电压启动性能差，耗能笨重，频闪等诸多缺点，已慢慢地被电子整流器所取代。荧光灯工作时，电感整流器能量损耗较大，如40W荧光灯（灯管功率），电感整流器自身发热损耗约10W，相当于整套灯具总耗电为50W。

电子整流器是一个将工频交流电源转换成高频交流电源的变换器，具有节能、功率因数高、无频闪、无噪声、无需启辉器等优点，并且有利于延长灯管寿命。

荧光灯的工作原理：荧光灯的原理接线图如图3-37所示。当荧光灯接入电路以后，电源电压经过整流器、灯丝，加在启辉器的U形双金属片和静触头之间，引起辉光放电，放电时产生的热量使双金属片膨胀并向外伸张，与静触头接触，接通电路，使灯丝受热并发射出电子。与此同时，由于双金属片与静触头相接触而停止辉光放电，使双金属片逐渐冷却并向里弯曲，脱离静触头。在触头断开的瞬间，在整流器两端会产生一个比电源电压高得多的感应电压。这个感应电压加在灯管两端，使灯管中气体击穿导通，发出肉眼看不见的紫外线。紫外线激发灯管内壁的荧光粉后，发出了近似日光的可见光。

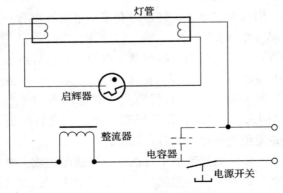

图3-37　荧光灯原理接线图

荧光灯的安装：荧光灯通常采用吸顶式和吊链式的安装方式。

安装荧光灯时，应注意：

（1）整流器必须和电源电压、荧光灯功率相匹配，不可混用。

（2）启辉器的规格应根据荧光灯的功率大小来决定。启辉器应安装在灯架上便于检修的位置。

（3）应注意防止灯座松动而使荧光灯跌落。为此，可采用弹簧灯座，或者将荧光灯与灯架扎牢。

4．节能灯

目前使用最多的节能照明光源是荧光灯，分为直管型、环型、紧凑型等，使用三基色荧光粉。由于它具有光效高（是普通灯泡的5倍），节能效果明显，寿命长（是普通灯泡的8倍），体积小，使用方便等优点，因此受到人们的重视和欢迎。从节能灯问世以来，经过二十多年的不断摸索和发展，我国的节能灯产品已经有了很大的进步与提高，很多产品已经接近或达到国外的先进水平，由于我国生产的节能灯物美价廉，中国已经成为全世界最大的节能灯生产国。新型高效节能灯管外形举例参见图3-38。

节能灯选购技巧：目前市面上的节能灯产品品种繁多，价格差异很大，部分企业生产的灯通过采用卤粉替代高成本的三基色荧光粉，只追求能点亮、成本低，造成部分产品在使用时出现光效低、寿命短、节电不节钱，甚至出现燃烧、爆炸等安全事故，那么如何选择节能灯呢？

（1）注重品牌，购买知名企业或正规生产厂家生产的产品，优先选购名牌产品或获得国家免检的产品。

（2）要注意包装上应有标注齐全的产品名称、主要产品特性、执行标准、生产企业名称、地址、电话和注册商标，包装盒内应有产品检验合格证。

（3）正规产品外形美观，做工精细，产品上的标识清楚，塑件白净，并有一定强度。灯头无锈蚀、无变形、无松动。

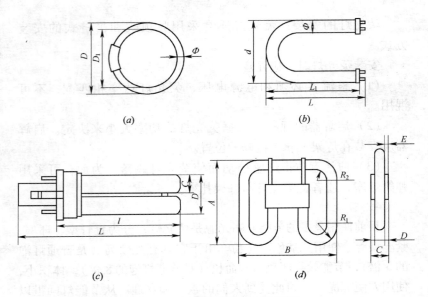

图 3-38 新型高效节能灯管外形
(a) 环形；(b) U形；(c) H形；(d) 2D形

(4) 试亮时，灯管亮度会逐渐更亮至稳定，管端无发黄发黑现象，灯管发光正常，无闪烁、无滚动和发红现象，光色也不能过分发蓝或发红。

荧光灯的常见故障及其排除方法（表 3-17）。

荧光灯的常见故障及其排除方法　　　表 3-17

常见故障	可 能 原 因	排 除 方 法
灯管不亮	1. 灯座触点接触不良，或电路接线松动 2. 启辉器损坏或与启辉器座接触不良 3. 整流器线圈或管内灯丝断裂或脱落 4. 无电源	1. 重新安装灯管，或重新接好导线 2. 先旋动启辉器，看是否发亮，再检查线头是否脱落，排除后仍不发光，应更换启辉器 3. 用万用表低电阻挡检查线圈和灯丝是否断路；20W 及以下灯管一端断丝，将该端的两个灯脚短路后，仍可应用 4. 验明是否停电，或熔丝熔断

续表

常见故障	可能原因	排除方法
灯管两端发亮，中间不亮	启辉器接触不良，或内部小电容击穿，或启辉器座线头脱落；或启辉器损坏	按上列方法2检查；小电容击穿，可将其剪去后继续使用
启辉困难（灯管两端不断闪烁，中间不亮）	1. 启辉器规格与灯管不配套 2. 电源电压过低 3. 环境温度过低 4. 整流器规格与灯管不配套，启辉电流过小 5. 灯管衰老	1. 更换启辉器 2. 调整电源电压，使电压保持在额定值 3. 可用热毛巾在灯管上来问烫熨（但应注意安全，灯架和灯座不可触及和受潮） 4. 更换整流器 5. 更换灯管
灯光闪烁或管内有螺旋形滚动光带	1. 启辉器或整流器连接不良 2. 整流器不配套，工作电流过大 3. 新灯管暂时现象 4. 灯管质量不良	1. 接好连接点 2. 更换整流器 3. 使用一段时间后会自行消失 4. 更换灯管
灯管两端发黑	1. 灯管衰老 2. 启辉不良 3. 电源电压过高 4. 整流器不配套	1. 更换灯管 2. 排除启辉系统故障 3. 调整电源电压 4. 更换整流器
整流器声音异常	1. 铁心叠片松动 2. 线圈内部短路（伴随过热现象） 3. 电源电压过高	1. 固紧铁心 2. 更换线圈或整个整流器 3. 调整电源电压
灯管寿命过短	1. 整流器不配套 2. 开关次数过多 3. 接线错误导致灯丝烧毁 4. 电源电压过高	1. 更换整流器 2. 减少不必要的开关次数 3. 改正接线 4. 调整电源电压

5. 黑光灯

黑光灯是一种特制的气体放电灯，是专门诱捕和杀死有害飞虫的灯具。黑光灯能辐射出波长极短的人眼看不见的光，但对于某些害虫却是可见的。黑光灯在农业上广泛应用于夜间诱除害虫和预测虫害情况。近几年，黑光灯在渔业上的使用也越来越多，不但能起到为鱼类提供动物性饲料、节约商品性饲料，降低养鱼成本、为养殖户增加效益的作用，而且还防止了害虫对作物的危害，可以说鱼池安装黑光灯能起到"一举两得"的效果。黑光灯诱到的昆虫种类很多，其中包括粮、棉、油、果等主要害虫，如玉米螟、棉铃虫、蝼蛄、粘虫、金龟子、红蚜虫、地老虎、台心虫等。黑光灯的结构与电气性能与同规格的荧光灯管一样，仅是管壁内所涂荧光粉不同而已。黑光灯接线方法和常见故障也与普通荧光灯类似。

黑光灯有 H-20、H-40 型号，其额定电压为 220V，功率分别为 20W、40W。供电电源可有交流和直流两种。交流供电的有"黑光诱虫灯"和"高压电网灭虫灯"等。

黑光诱虫灯是由黑光灯管及其配件，防雨罩、挡虫板组合而成。使用时在灯下放置一个盛有杀虫药剂的收集器，把诱来的害虫杀死。高压电网灭虫灯由黑光诱虫灯、变压器、电网及保护指示器等组成。工作时电网上有 3 000~5 000V 高电压，黑光灯诱来的害虫触网即被电击杀死。这种灯的杀虫效果好但造价较高，使用中要特别注意安全。如果在养鱼池中安装黑光灯，并在灯上设置碰撞设施，就可以使昆虫碰落在养鱼池中。这样既可为池鱼提供饲料，又可杀灭农作物害虫，收到养鱼、灭虫的双重效果。

黑光灯安装时，应注意不使防雨罩漏水；灯管底部的防雨胶圈应完整无损；灯的外部金属部件均应接地；开关应装在防雨罩内，确保安全运行。安装高压杀虫灯时，为了防止触电事故，在高压电网外面，应附设安全网，同时配合触电保安设施，确保安全。

6. 高强度气体放电灯（HID）

高强度气体放电灯包括高压汞灯、金属卤化物灯、高压钠灯等。高强度气体放电灯结构见图 3-39。

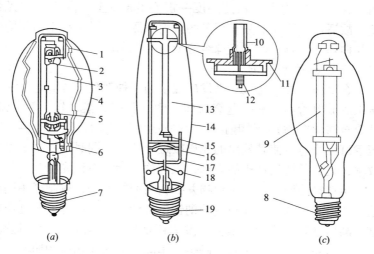

图 3-39　高强度气体放电灯结构示意图
（a）高压汞灯；（b）高压钠灯；（c）金属卤化物灯
1—金属支架；2，12—主电极；3，9，13—放电管；
4，14—硬玻璃外壳（内表面涂荧光粉）；5—触发电极；6—启动电阻；
7，8，19—灯头；10—金属排气管；11—铌帽；15—管脚上涂有消气剂；
16—双金属片；17—金属支架；18—消气剂

（1）高压汞灯

高压汞灯又称高压水银荧光灯，其发光原理与荧光灯一样，但结构却有很大的差异，该灯灯管由内外两管组成，内管为石英放电管。由于它的内管的工作气压为 2~6 个大气压，故得名高压汞灯。

在高压汞灯的外管上加有反射膜，形成反射型的照明高压汞灯，使光通集中投射，作为简便的投光灯使用。在外管内将钨丝与放电管串联者为自镇式高压汞灯，不必再配用整流器，否则需配用整流器。

高压汞灯的光谱能量分布不连续，而集中在几个窄区段上，因而其显色性能较差。高压汞灯具有功率大、光效高、耐震、耐热、寿命长等特点。由于它的光色差，故适用于道路、广场及空间高大的建筑物中，悬挂高度一般在 5m 以上。由于它的光色差，故适用于不需要分辨颜色的大面积照明场所，在室内照明中可与白炽灯、碘钨灯等光源组合成混光光源。

（2）金属卤化物灯

金属卤化物灯是近年来发展起来的一种新型光源。它是在高压汞的放电管内添充一些金属卤化物（如碘、溴、铊、铟、镝、钍等金属化合物），利用金属卤化物的循环作用，彻底改善了高压汞灯的光色，使其发出的光谱接近天然光，同时还提高了发光效率，是目前比较理想的光源，人们称之为第三代光源。

当选择适当的金属卤化物并控制它们的比例，可制成不同光色的金属卤化物灯，如白色的钠铊铟灯和日光色镝灯。与高压汞灯、高压钠灯相比无论是发光效率还是显色性均有很大的提高，适用于道路、广场、车站、码头、车间等大面积场所的照明。

（3）钠灯

在放电发光管内除了充有适量的汞和惰性气体氩或氙以外，并加入足够的钠，使其放电管内以钠的放电发光为主，这种光源称为钠灯。视其放电管内气压不同分为低压钠灯和高压钠灯。

低压钠灯：低压钠灯发出 589nm 的线光谱，接近人眼最敏感的是 555nm 的黄光。这种光透雾能力强，发光效率最高，显色性差，适用于街道、航道、机场跑道等照明。

高压钠灯：提高钠蒸气压力即为高压钠灯，其共振谱线加宽，光谱能量分布集中在人眼较敏感的区域内。光色得到改善，呈金白色，但发光效率有所降低。

电源电压偏移对高压钠灯的发光影响较显著，约为电压变化率的两倍。环境温度对高压钠灯的影响不显著，它能在 -40 ~ 100℃ 的范围内工作。与高压钠灯灯管配套的灯具，应特殊设计，不能将大部分光反射回灯管，否则会使灯管因吸热而温度升高，破坏灯口的连接处。

高压钠灯具有光效高、紫外线辐射小、透雾性好，可在任意位置点燃、耐震等优点，但显色性差。它广泛用于道路、广场和建筑物泛光照明，当与其他光源混光后，可用于照度要求高的高大空间场所。

7. LED 照明简介

LED 就是常说的发光二极管，属于半导体发光器件。它们利用固体半导体芯片作为发光材料，当两端加上正向电压，半导体中的载流子发生复合，放出过剩的能量而引起光子发射产生可见光。

半导体照明灯具具有寿命长、节能、安全、绿色环保等显著优点，它的耗电量只有普通照明的 1/10，应用前景极为看好。例如，采用 18 个 1W 的白光 LED 组成的小型路灯可发出 1 440lm 光通量，若采用白炽灯则需要 100W 以上。再如，用一个 65lm 的 1W 白光 LED 做成的强光手电筒，它可照射几十米远。目前，在局部范围低照度照明方面 LED 有其不可取代的优势，例如手电筒、台灯照明、橱窗、小商品照明。由于 LED 的光辐射集中在一定发射角中光分布集中，所以可取得高效、节能的效果。另外室内照明如作为夜灯、床头灯、台灯或照度要求较低的走廊灯等，虽照度过低，但有其节能、长寿命以及成本较低的优势。LED 照明可以广泛应用于各种指示、显示、装饰、背光源、普通照明、汽车信号灯和城市夜景等领域。随着 LED 产业的技术进步，成本的进一步降低，以及人们对环保、安全、节能等要求的不断提高，LED 在特种领域的应用规模将不断扩大，在人们的工作生活中将扮演越来越重要的角色。

二、住宅照明

1. 住宅照明的一般要求

（1）住宅照明从满足家庭生活的需要出发，讲究照明质量，给人以自然、舒适的感觉；照度合适、光源布置合理、经济、节能、安全可靠、便于日常维护检查。

（2）供电线路应有必要的保护措施，确保安全用电。

（3）灯具、开关、插座等电器安装要整齐、美观、使用方便，同时符合安全规定。

（4）室内外线路导线的选择、敷设方式、布线路径等，应充分考虑现代生活发展的需要，留有必要的裕度，便于各种家庭设施的更新。

2. 光源选择

住宅室内照明光源应依据房间功能的不同，合理地选择光源，兼顾光效、显色性、寿命等光电特性指标，同时综合考虑室内装修饰面的颜色、材料对光源光电参数的影响。

住宅室内照明应优先采用高光效光源，达到节能效果。但采用高效光源的同时，还必须采用显色指数 R_a 值高的光源，这样才能使被照物体的色彩充分显现（白炽灯 $R_a = 1$，荧光灯 $R_a \geq 0.9$）。

选择光源还应考虑其色温的影响。当光源的色温低时，光色显现出暗色，造成温暖、欢快、稳定的环境气氛。相反，则造成清凉、爽快、流动的环境气氛。

住宅照明宜选用以白炽灯、节能荧光灯为主的照明光源。

荧光灯适合照度（衡量照明质量的主要指标）要求较高，平均亮灯时间较长的场所，如起居室（客厅）、书房、卧室等，包括写字台台灯等。

白炽灯适合开关频繁或要进行调光控制的场所，如厕所、卫生间、厨房、门厅、楼梯、过道、阳台、壁灯、落地台灯等。

3. 住宅照明方式

（1）起居室照明

起居室是一套住宅的心脏，人们的很多活动都集中在起居室内。会客、读书看报和看电视是起居室中最主要的活动内容，有可能书写和吃饭也在起居室。

客厅照明是住宅照明中的一个重要组成部分和相对豪华的

部分，一般选择具有较强装饰效果的各种灯具，并应与室内装饰、家具摆设相协调。灯具控制开关，采用集中或分散安装方式，根据需要选择开灯数量和光源形式，可形成室内各种不同的气氛。

起居室内主要的环境照明可由房中央安装的吸顶式组合灯具提供，也可采用暗装式的间接照明。局部照明光源可采用白炽灯或紧凑型荧光灯。

（2）卧室照明

卧室是休息场所，需要安静柔和的灯光照明。卧室照明通常设一般照明、局部照明，还可根据需要设装饰照明。其中一般照明是人们日常生活起居所必需的，在室内顶棚中间安装节能灯具构成。局部照明主要作为学习（阅读、写作）和工作（如家庭缝纫、针织等）照明。装饰照明一般采用多种灯具，分开关控制，根据需要确定开灯数量，从而形成不同格调和气氛的卧室环境，所营造的气氛也应以安宁温馨为主。

（3）厨房照明

厨房应设置显色指数 R_a 值高的灯具，应以白炽灯为主。从实用考虑，厨房照明采用吸顶灯、吊灯或壁灯均可，工作台上方宜设置局部照明。由于厨房一般面积较小，油烟和水蒸气较多，因此应注意以下几点：

1）灯具外形要简单，便于清扫，便于更换灯泡和维护。

2）灯具外表面要不易氧化生锈、不漏电、安全可靠。

3）灯具安装位置应避开油烟和蒸汽的直接作用。

（4）卫生间

一般家庭卫生间兼作浴室，也有卫生间和浴室分开的。一般可采用吸顶灯或壁灯作为照明。浴室照明灯具要注意安全、防潮、防锈、防漏电等。

（5）阳台、走廊、楼梯照明

阳台照明通常采用吸顶灯、吸壁灯或斜照型壁灯。走廊照明一般用吸顶灯，也可用壁灯。壁灯安装高度要合适，一般为 2m

左右。楼梯照明一般采用吸顶灯或壁灯，壁灯安装高度应为2.4m左右，安装位置应便于维修。这些场所通常都是"人走灯灭"，一般选择白炽灯。

（6）庭院照明

当农村住宅有院子时，应设置室外和大门照明，以满足住户夜间在院内干活、休息和进出门的要求，照明开关布置在户内。

目前，灯具市场品种极为丰富，造型千变万化，性能千差万别。由于照明灯具是整个居室装饰的有机组成，因此，它的样式、材质和光照度都要和室内功能和装饰风格相统一，并按照这个原则去选购照明灯具。

一般的住宅有客厅、书房、起居室、卧室、厨房、卫生间、门厅之分，由于它们的功能不同，所需要的光源也不同，因此就要根据不同的房间功能选择不同的灯具。住宅室内灯具的配置可参考表3-18。

住宅室内灯具的配置 表3-18

安装场所	主照明	辅助照明	安装容量密度（W/m²）
起居室（厅）	吸顶或悬吊直管荧光灯或节能灯	筒灯、落地台灯、壁灯	4~7
卧室	吸顶节能灯	床头灯、台灯、壁灯	3~5
书房	吸顶节能灯	台灯	5~8
厨房	吸顶白炽灯	操作台专用壁灯或台灯	2~5
餐厅	悬吊白炽灯或节能灯	壁灯	3~5
卫生间	吸顶白炽灯	镜前灯	3~5
阳台、走廊、楼梯	吸顶白炽灯或壁灯	—	—

三、灯具、开关及插座的安装要求

照明灯具安装吊灯安装高度（指灯头至地距离）不宜低于

2.5m，壁灯高度不宜低于2m，相线必须接在灯头顶芯上，房间开关暗装时，高度一般为1.4m，距开向门边0.2m，拉线开关高度为1.8m，或离顶棚0.3m。扳把开关明装时，高度为1.8m，开关必须控制相线，扳把向上为开灯，反之为关灯。

插座安装一般住宅、托儿所、小学等场所的插座安装高度不应低于1.8m（采用安全型插座亦可距地0.3m），办公等工作场所可距地面0.3m。插座安装规定，面对插座左接零线右接相（火）线。三孔插座或四孔插座，上方孔为接地线。

康居住宅电源插座的设置可参考表3-19。

康居住宅电源插座设置 表3-19

插座类型、用途＼部位	起居室（厅）	主卧	次卧	厨房	卫生间	书房
二、三孔双联插座（组）	3~4	2~3	2	1	—	2
三孔插座（空调）	1	1	—	—	—	—
三孔插座（电炊具）	—	—	—	1	—	—
三孔插座（电热水器）	—	—	—	—	1	—
三孔插座（排气扇、排烟风机）	—	—	—	1	1	—
三孔插座（洗衣机）	1					

室内布线及电器设备安装的总的要求是：安全可靠，布局合理，使用方便、整齐、美观、经济、牢固。需要注意的是，所有弱电线必须穿管敷设，弱电管线最好与强电管线保持不低于300mm间距，以避免强电对弱电的干扰，但有线电视插座、网络的信息插座与相应的电源插座之间宜保持200~300mm间距。

四、家用照明配电箱及室内线路的选配

现在用电管理普遍采用"集箱控制一户一表"的安装方式，按住户居住的地理位置，选择4~8户把电能表集中装在一个箱子里,固定在背风避雨的地方,并落锁加封。

进户线进屋后,一般在门一侧或楼道装设照明配电箱(开关箱),每套住宅的空调电源插座、电源插座与照明应分路设计;厨房电源插座和卫生间电源插座宜设置独立回路。据此,住宅内插座回路至少可划分为:

(1)二路:空调电源插座、其他电源插座;

(2)三路:空调电源插座、厨房电源插座和卫生间电源插座、居室电源插座。

分支回路的增加可使住宅负荷电流分流,可减少线路温升和谐波危害,从而延长线路寿命和减少电气火灾。根据建筑面积的大小及家用负荷的大小,还可划分更多的回路,对于两层以上的小康型住宅,可以每层设配电箱。配电箱进线、出线均应配备保护开关(微型断路器),插座出线开关还应具备漏电保护功能。家用照明开关箱系统示意图见图 3-40、图 3-41。

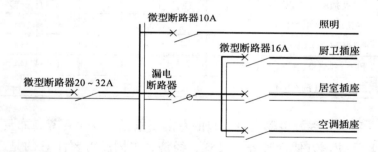

图 3-40　家用照明开关箱系统图 1

户用电容量的确定经济发达地区可按 8～12kW 计算,中等发达地区可按 6～8kW 计算,欠发达地区可按 3～4kW 计算。

进户电源线宜采用 $6mm^2$ 或更大截面的铜绝缘导线;空调电源插座、厨房电源插座专用,宜采用 $4mm^2$ 的铜绝缘导线;其他一般插座可采用 $2.5mm^2$ 的铜绝缘导线;照明线路可采用 $1.5mm^2$ 的铜绝缘导线。

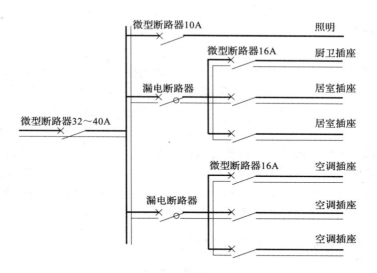

图 3-41 家用照明开关箱系统图 2

五、保护接地的实现

大部分农村地区，居住较为分散，防雷保护设置还不普遍，因此对于各家各户实现接地保护存在一定困难。为保证人身安全，建议用电设施规划时，结合集中电表箱的设置针对所辖住户集中设接地装置，中性线（零线）重复接地并引出保护线（接地线），然后相线（火线）、中性线、保护线三线进户。对于两层以上的小康住宅应设置防雷保护，并共用接地装置实现中性线重复接地，同样引出保护线三线进户。应该注意的是无论中性线还是保护线，其截面应与相线一致。总之，农村住宅配电系统也应采用 TN–C–S 系统。

六、道路及公共庭院照明

交通道路上设置照明的目的是为机动车驾驶人员、行人创造舒适和安全的视觉环境，以求达到保障交通安全、提高交通运输效率和美化乡村夜晚环境的效果，另外良好的视觉环境有助于防止犯罪活动的发生。

乡村道路照明设置一般单侧布置，灯杆高度 4~8m 为宜，可等于或略大于道路有效宽度，间距控制在 25~35m，间距和高度之比以 3:1~4:1 为宜。光源可选择使用高压钠灯、细管径荧光灯、紧凑型荧光灯（节能灯），还可以选择 LED 灯。

小区公共庭院是人们小憩之处，一般范围较小，灯具选型应美观、新颖、简洁，营造一种轻松、舒适、自然的氛围。因此通常单侧布置，一般不采用高杆灯，灯杆高度可按 0.6 倍的路宽选取，灯杆间距可为 15~25m。庭院照明的光源可选择使用高压钠灯、金属卤化物灯、节能灯、白炽灯等。

七、住宅电气造价指标分析

住宅总造价主要是由各类建筑材料决定的，电气部分在其中所占的比例较小。住宅电气部分的造价除安装费用外，涉及的主要材料、设备包括照明配电箱、各种灯具、钢管、PVC 管、铜芯或铝芯绝缘导线、开关插座等。在住宅总造价中，电气部分一般占 3%~8%，现阶段每平方米造价约合 15~40 元。由于所采用的材料、设备档次品牌不同，价格差异较大，从而影响指标的高低及在总造价中的比例。总的来看，住宅建设中电气系统部分的投入较小，但对居住、生活质量的影响明显，所以构建一个安全、合理的电气系统物有所值！

第六节 供电线路常见故障检修

电气线路和设备随着使用年限的延长，在各种物理化学因素（如机械损坏、受热或受潮等）和负荷电流的作用下，绝缘逐渐老化而失去作用，从而发生故障。常见的电气故障有单相短路、单相接地短路、两相及三相短路、电路漏电和断路等。这些故障如不及时排除，不仅影响正常供电，甚至危及人身安全。

一、短路

电流不经过用电器而直接构成回路叫短路。短路时，电源回路中的阻抗很小，因此电路中的电流就很大（产生大量的热），以致引起线路和设备的绝缘体损坏，甚至发生火灾。这个电流就称为短路电流。

为防止电气短路造成不良后果，我们常常在电气回路中设置短路保护设备（如熔断器、低压断路器），以保护电气线路和设备不被损坏。

1. 出现短路故障的常见原因

（1）安装不合规格，多股导线未捻紧，涮锡，压接不紧，有毛刺。

（2）相线、零线压接松动，距离过近，遇到某些外力，使其相碰造成短路。如螺口灯头的螺丝灯口与顶芯部分松动，装灯泡时扭动，而使顶芯与螺丝灯口的螺纹部分相碰，造成灯头内部短路。

（3）恶劣天气，如大风使绝缘支持物损坏及导线相互碰撞、摩擦、使导线绝缘损坏，出现短路；雨天，露天电器防水设施损坏，雨水进入造成短路。

（4）电气设备所处环境中有大量导电尘埃，或环境特别潮湿，造成短路故障。

（5）线路或设备年久失修，绝缘老化损坏等原因造成短路故障。

2. 短路故障的检查

一般照明线路中出现的短路现象，应及时进行查找，消除故障。线路有接头的地方如灯头、导线连接及分支处、开关接线处等发生短路概率最高。如果线路上只有一二盏灯头，故障范围较小，则可仔细查看灯头、接线盒、开关的接线处及导线的绞合部分等，一般可找出碰线处。如果线路上灯头较多，一时不能确定哪个灯头线路发生短路，则可用试灯进行检查。其做法是用一只普通灯头，装上功率较大的（如60W或100W）灯泡，再从灯头引出两根连接线，就成了一只试灯。

用试灯检查照明电路的故障既简便又有效，其操作步骤如下：

（1）将家中所有灯开关都置于断开位置，将试灯串接在跳闸的断路器之后（可卸开断路器出线，若是插入式熔断器可将瓷盖取下），合闸通电后，若试灯正常发光，说明短路故障在线路上；若试灯不发光，说明线路没有故障。

（2）确认线路存在故障后，将全部灯开关断开，同时取下所有插在电源插座上的家用电器插头。然后逐个接通每盏灯的开关，看试灯的发亮情况。如果试灯暗红，说明这部分线路未短路（相当于试灯与原灯泡串联，故虽通电发光但电压不足灯不太亮）；如果试灯正常发光，则说明这部分线路短路（试灯通过短接的线路获得了正常电压）。同理，也可通过逐个拔插检验插座上的家电是否存在故障。

短路故障一般也可以用摇表或万用表进行检查，即将所有开关和分段连接点断开，然后用摇表测试线路和电器设备有否烧毁，相间绝缘有否击穿、同时找出故障线路及故障点。

二、断路

线路中某处断开或接触不良，使电流不能构成回路叫断路，或称开路。相线或零线均可能出现断路，单相电路出现断路时，负荷不工作；三相用电器如电源出现缺相时，会造成不良后果；三相四线制供电线路负荷不平衡时，如零线断线会造成三相电压不平衡，负荷大的一相，电压低，负荷小的一相，电压增高，会影响设备正常工作甚至烧毁设备。同时零线断点负荷侧将出现对地电压。

灯丝烧断、接头松脱、导线折断、熔丝熔断等情况都可能造成断路。

查找断路故障，可用试电笔、万用表、试灯等进行。

一般断路时，可以根据哪些电灯亮与不亮确定断路范围。个别灯不亮，则可从灯泡查起，再看灯头、接线盒、开关的接线和灯头引线，一般容易找到断路所在。

三、漏电

线路中有部分电流不通过用电器而通过大地或接地线漏掉（与短路不同，漏电流通常很小）叫漏电。线路或设备漏电，不仅浪费电能，而且会影响电器正常工作，甚至会发生触电事故和引起电气火灾。

（1）造成漏电故障的原因：年限过久导线绝缘老化；用电器具受潮或雨淋；穿墙进户电线及相交电线瓷管破损，外绝缘层磨破等；家用电器内部绝缘不良等。

（2）漏电故障的检查：① 用试电笔测试不该带电的部位，如家用电器、灯具的金属外壳，导线的绝缘外层等处是否漏电；② 用万用表直接测量可能漏电的部位与地之间的电压；③ 可用摇表测试线路和设备的相间及其对地绝缘情况，确定漏电位置。

发现漏电后，必须迅速查明原因并及时处理，对一些老化或绝缘损坏的线路和电器设备应及时更换、修理，绝不可凑合使用，以免发生电气事故。

第四章 农村生产用电设备

第一节 农村配电用电力变压器

农村配电用变压器称为电力变压器(以下简称变压器),它是一种静止的电气设备。它根据电磁感应的原理,将一种电压等级的交流电变换为频率相同的另一种电压等级的交流电。

一、变压器的种类和型号

变压器可分为电力变压器和特种变压器两大类。电力变压器按用途不同可分为升压变压器、降压变压器、配电变压器、联络变压器和厂用变压器等;按相数不同可分为单相变压器和三相变压器;按绕组形式不同可分为自耦变压器、双绕组变压器和三绕组变压器;按冷却介质不同可分为油浸式变压器(包括油浸自冷、油浸风冷、油浸水冷、强迫油循环风冷和强迫油循环水冷等)和干式变压器等。由于相同容量的干式变压器的成本和价格要比油浸电力变压器高得多,因此农村配电常用油浸电力变压器,有时还用杆式变压器,如图 4-1 所示。

图 4-1　杆式变压器

变压器的型号含义为

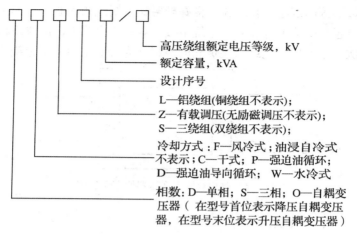

例如：SL_9-500/10 表示三相双绕组铝导线，油浸自冷式，容量是 500kV·A，高压绕组的电压是 10kV。又例如：$SFSZ_9$-31500/110，S 指三相，F 指风冷式，S 指三线圈，Z 指有载调压，9 指设计序号，31500 是变压器的容量，单位是 kV·A；110 是高压侧的电压，单位是 kV。目前我国普遍使用 S9 系列节能型变压器，推广使用 S11 系列节能型变压器，如图 4-2 所示。

图 4-2　S11 型全密封式配电变压器

图 4-3 是一台单相双绕组变压器的示意图。两个相互绝缘且匝数不等的绕组,套装在由良好导磁材料制成的铁心上,其中一个绕组接交流电源,另一个绕组接负载。接交流电源的绕组称为一次绕组或原边绕组,接负载的绕组称为二次绕组或副边绕组。

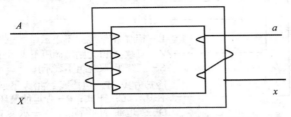

图 4-3 单相双绕组变压器原理示意图

二、变压器的铭牌

每台变压器都装有铭牌。铭牌上刻有变压器名称、相数、额定电压、额定电流、额定容量、额定频率、联结组标号等。如图 4-4 所示为某一台变压器的铭牌。下面对铭牌中的主要技术参数的含义加以说明。

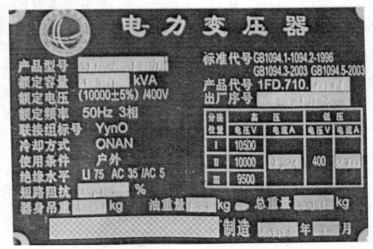

图 4-4 某一台变压器的铭牌

1. 额定容量

额定容量是在额定状态下，变压器输出能力的保证值，通常以 kV·A 表示，并且当变压器施加额定电压时，可根据它来确定额定电流。

2. 额定电压

额定电压是指在额定情况下长期运行所能承受的工作电压，单位为 V 或 kV。三相变压器的额定电压指分接开关置于中间挡位时的线电压有效值。

3. 额定电流

额定电流是指在额定负荷下，长期运行所允许的工作电流，单位为 A。三相变压器的额定电流指分接开关在中间挡位时的线电流。

4. 额定频率

我国标准额定频率规定为 50Hz。

5. 联结组别

变压器联结组是指变压器一次绕组和二次绕组按一定方式联结时，一次和二次绕组线电压之间的相位关系。新旧标准变压器联结组别表示方法比较见表 4-1。

新旧标准变压器联结组别表示方法比较表　　表 4-1

名　　称	新国家标准			旧国家标准		
	高压	中压	低压	高压	中压	低压
星形接线： 无中性点引出 有中性点引出	Y YN	Y Yn	Y yn	Y Y_0	Y y_0	Y y_0
曲折形接线： 无中性点引出 有中性点引出	Z ZN	Z Zn	Z zn	Z Z_0	Z z_0	Z z_0
三角形接线	D	D	d	△	△	△
单相接线	I	I	I	I	I	I

续表

名　称	新国家标准	旧国家标准
自耦接线	公共部分两绕组额定电压低的用 a	联结组前加 O
接线符号间	用逗号	用斜线
组别数	0~11	1~12
联结组举例	I，I6 Y，yn0； Y，d11； YN，yn0，d11； YN，a0，d11	I／I-6 Y／Y_0-12； Y／d-11； Y_0／Y_0／d-12-11； O-Y_0／d-12-11

三相电力变压器的联结组别一般有 0~11 共 12 种。为了制造和选用方便，以 Y，y0；YN，y0；Y，yn0；Y，d11；YN，d11 等五种为常用标准联结组。其中以 Y，yn0；Y，d11；YN，d11 三种为农村用变压器的联结组别。

6．空载电流

当变压器的一个绕组施加额定频率的额定电压，其余各绕组开路时，流经该绕组线路端子的电流，就是空载电流。一个绕组的空载电流常用该绕组额定电流的百分数表示。

三、常用电力变压器主要技术数据

1．SCL 系列环氧浇注干式变压器主要技术数据见表 4-2。

SCL 系列环氧浇注干式变压器主要技术数据　　表 4-2

额定容量 （kVA）	短路损耗（75℃） （kW）	空载损耗 （W）	空载电流 （％）	总重量 （kg）
50	890	395	5	520
80	1 150	510		630
100	1 450	620		690
125	1 700	730		810

续表

额定容量 (kVA)	短路损耗(75℃) (kW)	空载损耗 (W)	空载电流 (%)	总重量 (kg)
160	1 950	860		880
200	2 350	970		960
250	2 750	1 150		1 180
315	3 250	1 330		1 330
400	3 900	1 600		1 530
500	4 850	1 850	5	1 850
630	5 650	2 100		2 100
800	7 500	2 400		2 300
1 000	9 200	2 800		2 800
1 250	11 000	3 350		3 360
1 600	13 300	3 950		4 220

2. S9 系列电力变压器主要技术数据见表 4-3。

S9 系列电力变压器主要技术数据 表 4-3

型号 S9 -	额定容量 (kVA)	额定电压(kV)		空载损耗(%)	空载电流(%)	阻抗电压(%)	负载损耗(kW)	联结组别
		高压	低压					
30/10	30			0.13	2.1		0.6	
50/10	50			0.17	2.0		0.87	
63/10	63			0.2	1.9		1.04	
80/10	80	10 ±5%	0.4	0.24	1.8	4	1.25	Y, yn0
100/10	100			0.29	1.6		1.5	
125/10	125			0.34	1.5		1.80	
160/10	160			0.40	1.4		2.20	
200/10	200			0.48	1.3		2.60	

续表

型号 S9 -	额定容量（kVA）	额定电压（kV）		空载损耗（%）	空载电流（%）	阻抗电压（%）	负载损耗（kW）	联结组别
		高压	低压					
250/10	250			0.56	1.2		3.05	
315/10	315			0.67	1.1	4	3.65	
400/10	400			0.80	1.0		4.3	
500/10	500	10±5%	0.4	0.96	1.0		5.1	
630/10	630			1.2	0.9		6.2	Y,yn0
800/10	800			1.2	0.8		7.5	
1 000/10	1 000			1.10	0.7	4.5	1.03	
1 250/10	1 250			1.95	0.6		1.20	
1 600/10	1 600			2.4	0.6		1.45	

四、电力变压器的使用和维护

变压器运行时，值班人员应按"规程"所列项目定期巡视检查掌握变压器的运行情况，力争把故障消灭在萌芽状态。

变压器在运行中定期检查的项目及要求主要有：

（1）变压器的油温和温度计应正常，储油柜的油位应与温度相对应，各部位无渗油现象。

（2）套管油位应正常，套管外部无破损裂纹，无严重油污、无放电痕迹及其他异象。

（3）变压器音响正常。

（4）冷却系统运转正常，散热管温度均匀，风机运转良好。

（5）吸湿器完好，吸附剂干燥，不变色。

（6）引线接头、电缆及母线应无发热迹象。

（7）压力释放阀或安全气道及防爆膜应完好无损。

（8）气体继电器内应无气体。

（9）各控制箱和二次端子箱应关严、不受潮。

（10）变压器室的门、窗、照明应完好，房屋不漏水，温度正常。

（11）在现场规程中根据变压器的结构特点补充检查的其他项目。

除此之外，还应定期检查下列内容：各部分的接地应完好、各种标志应齐全明显、各种保护装置应齐全良好、超温信号应正确可靠、消防设施应齐全完好、贮油池和排油设施应保持良好状态。

五、变压器的故障检查

变压器发生故障、退出运行以后，必须从变压器外部开始仔细检查，进行必要的电气试验，通过具体分析，找出故障原因，确定必要的检修项目。

（1）查看运行记录并进行分析。

（2）对变压器外部作详细检查。检查油面位置、安全气道的防爆膜是否破裂、油箱外有无绝缘油溅出、油箱是否破裂、套管是否完整，检查信号温度计的最高指示温度、高压侧引线是否连接得牢固及有无发热现象等。

（3）根据继电保护动作情况分析故障原因。气体保护动作快、灵敏度高、结构简单、能反映变压器油箱内部各种类型的故障。气体继电器动作后，应首先检查继电器内和变压器内的油面高度，查看气体继电器内的气体，根据颜色、气味及可燃性等初步判断故障原因。变压器差动保护能反映变压器油箱外套管及联结线上的故障。差动继电器动作后，应在其保护范围内检查，配合电气试验找出故障原因。

（4）测定绕组绝缘电阻。若绝缘电阻很低，接近于零，则可判断有接地（或短路）故障；若测得的数值不低于前次测得数值的70%（换算至相同温度下），则应测出其吸收比R_{60s}/R_{15s}，吸收比等于或大于1.3，表明绝缘干燥，反之说明绝缘受潮。

(5) 直流泄漏和交流耐压试验。在故障变压器中，常有绝缘被击穿之后，由于变压器油的流入而出现绝缘良好的假象。为判明真相，必须做直流泄漏和交流耐压试验。将试验结果与交接试验数据相比较，若有显著变化，则说明绝缘有问题。

(6) 测量绕组直流电阻。为了判明绕组是否发生匝间、层间短路（用兆欧表无法测出）或分接开关、引线有无接触不良或断线现象，可分别测量各相的直流电阻。若三相直流电阻不相同，且相互间差别大于三相平均值的4%（1 600kV·A 及以下变压器）或2%（1 600kV·A 以上变压器）时，便可以确定绕组有故障。直流电阻与上次所测得的数值相差也不应该超过2%。

(7) 测量电压比。若电压比读数异常，则说明存在绕组匝间短路。

(8) 空载试验。变压器耐压试验之后，仍可能有潜在缺陷，再进行空载试验，便可显示缺陷、消除隐患。试验时，注意三相励磁电流是否稳定，并与上次试验数据相比较，若励磁电流每相大出很多或一相很大，则说明存在故障。

(9) 绝缘油样试验。变压器故障后，应立即取油样进行观察和试验，判断其能否继续使用。

第二节 农村常用电动机

一、农业生产常用的电动机

电动机分为直流电动机和交流电动机。交流电动机又可分为同步电动机和异步电动机两种形式，异步电动机中有三相异步电动机和单相异步电动机，其中三相异步电动机又分为笼型异步电动机和绕线型转子异步电动机。三相笼型异步电动机具有结构简单、坚固耐用、工作可靠、维护方便、价格便宜等优点，在农村及乡镇企业得到广泛应用，常用来拖动水泵、脱粒机、粉碎机以及其他农副产品的加工机械等。单相异步电动机具有结构简单、制造容易、使用可靠、维护方便等优点，特别是能直接用于单相交流电源，所以在家用电器及轻便电动工具中广泛应用。

二、三相笼型异步电动机的结构

电动机由定子（固定部分）、转子（旋转部分）和其他零部件组成，定子和转子之间有一个很小的气隙。电动机的结构如图4-5 所示。

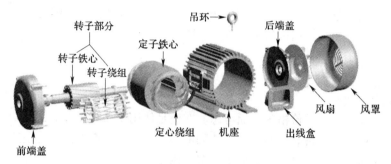

图 4-5　电动机的结构

一般三相笼型异步电动机的接线盒中有六根引出线，标有 U_1、V_1、W_1、U_2、V_2、W_2，其中 U_1、U_2 是第一相绕组的两端；V_1、V_2 是第二相绕组的两端；W_1、W_2 是第三相绕组的两端。这六个引出线端在接电源之前，相互间必须正确联结。三相绕组有星形（Y）和三角形（△）联结两种，如图4-6 所示。

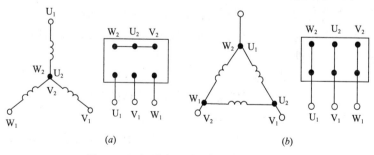

图 4-6　三相异步电动机绕组出线头联结
(a) Y 联结；(b) △联结

三、农用电动机的选择

在农业生产中,各种生产机械都广泛应用电动机来驱动,正确地选用与机械负载配套的电动机,可以使电动机在最经济、最合理的方式下运行,从而达到降低能耗、提高效率的目的。选择电动机的内容包括很多,例如电压、频率、功率、转速、启动转矩、防护形式、结构形式等,但是结合农村具体情况,需要选择的通常只是功率、转速、型号等几项比较重要的内容,因此在这里介绍一下电动机的选择方法及使用。

1. 种类和型号的选择

(1) 种类的选择

选择电动机的种类是从交流或直流、机械特性、调速与启动特性、维护及价格等方面考虑。在满足使用要求的前提下,尽量选用简单、可靠、经济、节能的电动机。因为生产上常用的是三相交流电,如没有特殊要求,多采用交流电动机。由于三相鼠笼式异步电动机结构简单,坚固耐用,工作可靠,价格低廉,维护方便;其缺点是调速困难,功率因数较低,启动性能较差。因此,在要求机械特性较硬而无特殊要求的一般生产机械的拖动,如水泵、通风机、运输机、传送带和机床都采用鼠笼式异步电动机。绕线式电动机的基本性能与鼠笼式相同。其特点是启动性能较好,并可在不大的范围内平滑调速。但是它的价格较鼠笼式电动机为贵,维护亦较不便。因此,只有在某些必须采用绕线式电动机的场合,如起重机、锻压机等,才采用绕线式异步电动机。

(2) 型号的选择

电动机型号的选择要根据所带动的机械的要求和电动机安装场所的条件来决定,见表4-4。表中Y系列三相异步电动机是全国统一设计,研制的新系列电动机。它具有效率高、耗电少、体积小、重量轻、运行可靠和维护方便等优点,是国家推广使用的节能电机,选择电动机时应优先考虑。

三相异步电动机的特点及其用途　　　表 4-4

名　称	型号 新系列	型号 老系列	结构特点	用　途
封闭式异步电动机	Y（IP44）	JO JO2 JO3 JO4	封闭式，铸铁机座外表面上有散热筋，外风扇吹冷，铸铝转子	用于农业和工矿企业的一般机械和设备上。一般用于灰土较多，水土飞溅的场所，如拖动水泵、鼓风机、碾米机、墨粉机、脱粒机、弹花机以及各种农业机械等
防护式异步电动机	Y（IP23）	J J2	防护式，铸铁机座，铸铝转子	用于一般机械和设备上，但不能用于磨面、碾米、脱粒、弹花等粉尘飞扬的场所
防护式铝线异步电动机	Y－L	J－L J2－L	同 J、J2 型，电磁线采用铝线	用途同 J 型
封闭式铝线异步电动机		JO－L JO2－L	结构同 JO、JO2 型，电磁线采用铝线	用途同 JO 型
封闭式高启动转矩异步电动机		JQO JQO2	结构同 JO2 型	用于启动静止负荷或惯性负荷较大的机械，如拖动压缩机、粉碎机、碾泥机、传送带等
防腐蚀异步电动机	Y－F	JO－F JO2－F	结构同 JO2 型	用于化工厂的腐蚀性环境中
户外用异步电动机	Y－W	JO2－W	结构同 JO2 型	用于户外环境下不需附加防护措施的各种机械和设备上

续表

名称	型号 新系列	型号 老系列	结构特点	用途
防爆异步电动机	YB	JB	防爆式，钢板外壳，铸铝转子	用于有爆炸性气体的场所
		JBS JBX	防爆式，铸铁机座外表面上有散热筋，铸铝转子	

1) Y系列三相异步电动机的型号

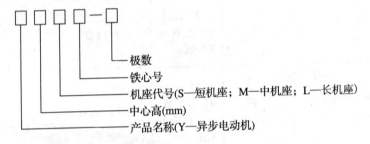

- 极数
- 铁心号
- 机座代号(S—短机座；M—中机座；L—长机座)
- 中心高(mm)
- 产品名称(Y—异步电动机)

2) 中小型电动机老产品的型号

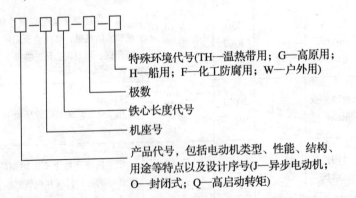

- 特殊环境代号(TH—温热带用；G—高原用；H—船用；F—化工防腐用；W—户外用)
- 极数
- 铁心长度代号
- 机座号
- 产品代号，包括电动机类型、性能、结构、用途等特点以及设计序号(J—异步电动机；O—封闭式；Q—高启动转矩)

3）电动机型号示例

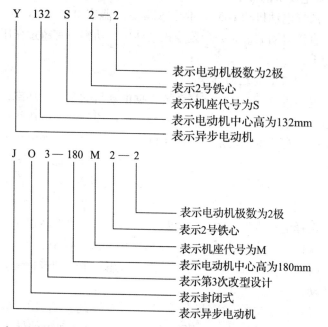

在不同的工作环境，应采用不同形式的电动机，以保证安全可靠地运行。

2. 功率的选择

通常根据生产机械负载的需要来选择电动机的功率，同时，还要考虑负载的工作制问题，也就是说，所选的电动机应适应机械负载的连续、短时或间断周期工作性质。功率选用时不能太大，也不能太小。选小了，保证不了电动机和生产机械的正常工作；选大了，虽然能保证正常运行，但是不经济，电动机容量不能被充分利用，而且电动机经常不能满载运行，使得效率和功率因数不高。

（1）连续运行电动机功率的选择

对于连续运行的电动机，先算出生产机械的功率，所选用的电动机的额定功率等于或大于生产机械的功率即可。

（2）短时运行电动机功率的选择

短时运行电动机的功率可以允许适当过载，设过载系数为

λ，则电动机的额定功率可以是生产机械所要求的功率的 1/λ。

选择电动机功率时，还要兼顾变压器容量的大小，一般来说，直接启动的最大一台鼠笼式电动机，功率不宜超过变压器容量的 1/3。

3. 电压和转速的选择

电动机电压等级的选择，要根据电动机的类型、功率以及使用地点的电压来决定。电动机的额定电压应与电源电压相符。电动机只能在铭牌上规定的电压条件下使用，允许工作电压的偏差为额定电压的 -5% ~ +10%。如果铭牌上标有 220V/380V，说明此电动机有两种额定电压。当电源电压为 380V 时，将电动机绕组接成 Y 形；当电源电压为 220V 时，将绕组接成 △ 形。

选择电动机的转速，应尽量与工作机械需要的转速相同，采用直接传动，这样既可以避免传动损失，又可以节省占地面积。若一时难以买到合适转速的电动机，可用皮带传动进行变速，但其传动比不宜大于 3。

异步电动机旋转磁场的转速（同步转速）有 3 000r/min、1 500r/min、1 000r/min、750r/min 等。异步电动机的转速一般要低 2%~5%，在功率相同的情况下，电动机转速越低体积越大，价格也越高，而且功率因数与效率较低；高转速电动机也有它的缺点，它的启动转矩较小而启动电流大，拖动低转速的农业机械时传动不方便，同时转速高的电动机轴承容易磨损。所以在农业生产上一般选用 1 500r/min 的电动机，它的转速也比较高，但它的适应性较强，功率因数也比较高。电动机的额定转速根据生产机械的要求而决定，一般尽量采用高转速的电动机。

4. 外形结构的选择

根据电动机的使用环境选择电动机的外形结构。

（1）防护式。这种电动机的外壳有通风孔，能防止水滴、铁屑等物从上面或垂直方向成 45° 以内掉进电动机内部，但是灰尘潮气还是能侵入电动机内部，它的通风性能比较好，价格也比较便宜，在干燥、灰尘不多的地方可以采用。

（2）封闭式。这种电动机的转子，定子绕组等都装在一个封闭的机壳内，能防止灰尘、铁屑或其他杂物侵入电动机内部，但它的密封不很严密，所以还不能在水中工作。在农村尘土飞扬、水花四溅的地方（如农副业加工机械和水泵）广泛地使用这种电动机。

（3）密封式。这种电动机的整个机体都严密的密封起来，可以浸没在水里工作，农村的电动潜水泵就需要这种电动机。

（4）开启式。电动机的定子两侧和端盖上开有很大的通风口，散热好、价格低，但容易进灰尘、水滴和铁屑等杂物，只能在清洁、干燥的环境中使用。

（5）防爆式。电动机不但有严密的封闭结构，而且外壳又有足够的机械强度。一旦少量爆炸性气体侵入电动机内部发生爆炸时，电动机外壳能承受爆炸时的压力，火花不会窜到外面以致引起外界气体再爆炸。适用于有易燃、易爆气体的场所，如矿井、油库和煤气站等。

四、电动机控制电器及连接导线的选择

电动机在使用过程中，由于种种原因，如电源电压过高或过低，三相电压不平衡，电源或绕组断相，轴承缺油或使用肮脏的润滑油而使转子阻力过大或堵转等，都会使电机绕组电流增加，铜损、铁损增加，造成电动机过热，轻则缩短电动机的使用寿命，重则使绕组冒烟甚至烧毁。因此，必须对运行中的电动机进行过载（过热、过流）、短路、过压、欠压、断相、堵转等保护。

总之，在电动机选定后，还要选择与其配套的控制保护电器及连接导线。Y系列三相异步电动机的控制电器及连接导线可参照表4-6选择。对于其他系列电动机，只要参数相近，也可参照此表选择。

五、三相异步电动机的使用与维护

1. 运行检查与维护

（1）经常保持电动机清洁，进风口、出风口保持畅通，不允许有水滴、油垢或飞尘落入电动机内部。

Y系列电动机控制电器及供电线路选择表 表 4-5

型号 Y	额定功率 (kW)	额定电流 (A)	轻载全压启动 熔断器/熔体额定电流 (A)	轻载全压启动 熔断器/熔体额定电流 (A)	轻载全压启动 断路器/脱扣器额定电流 (A)	轻载全压启动 接触器额定/热继电器整定电流 (A)	BLV 导线根数×截面 (mm^2)、钢管直径 (mm)	BLV 导线根数×截面 (mm^2)、钢管直径 (mm)
			RT0	RL6	DZ20、CM2	CJ20、CK1	30℃	35℃
801-4	0.55	1.51	50/5			10/1.6		
801-2		1.81		25/6	63/6	10/1.9		
802-4	0.75	2.01				10/2.1		
00S-6		2.25				10/2.4		
802-2		2.52				10/2.6		
90S-4	1.1	2.75	50/10			10/2.9		
90L-6		3.15				10/3.3		
				25/10	63/6			
90S-2		3.44				10/3.6		
90L-4	1.5	3.65				10/3.8		
100L-6		3.97				10/4.2		
90L-2		4.74		25/10		10/5.0	4×2.5 SC20	4×2.5 SC20
100L$_1$-4		5.03	50/15		63/6	10/5.3		
112M-6	2.2	5.61		25/16		10/5.8		
132S-8		5.81				10/6.1		
100L-2		6.39		25/16		10/6.7		
100L$_2$-4		6.82	50/20		63/10	10/7.2		
132S-6	3.0	7.23		25/20		10/7.6		
132M-8		7.72				10/8.1		
112M-2		8.17		25/20	63/10	16/8.6		
112M-4		8.77				16/9.2		
132M$_1$-6	4.0	9.40	50/20	25/25		16/9.9		
160M$_1$-8		9.91			63/16	16/10.4		

续表

型号 Y	额定功率 (kW)	额定电流 (A)	轻载全压启动			接触器额定/热继电器整定电流 (A)	BLV 导线根数×截面 (mm^2)、钢管直径 (mm)	
			熔断器/熔体额定电流 (A)		断路器/脱扣器额定电流 (A)			
			RT0	RL6	DZ20、CM2	CJ20、CK1	30℃	35℃
$132S_1-2$		11.1	25/25			16/11.7		
$132S_4-4$		11.6				16/12.2	4×2.5 SC20	4×2.5 SC20
$132M_2-6$	5.5	12.6	50/30	63/35	63/16	16/13.3		
$160M_2-8$		13.3				16/14		
*$160M-8$		13.7	25/25			16/14.4		
$132S_2-2$		15				25/15.8		
$132M-4$		15.4				25/15.8		
$160M-6$	7.5	17	50/40	63/50	63/20	25/17.5	4×4 SC20	4×4 SC20
*$160M-6$		17				25/17.5		
$160L-8$		17.7				25/18.6		
$160M_1-2$		21.8			63/25	40/22.9		
$160M-4$		22.6				40/23.7		
$160L-6$		24.6				40/25.9		
$180L-8$	11	25.1	50/50	63/63		40/26.3	4×6 SC25	4×6 SC25
*$160M-4$		22.6			63/32	40/23.7		
*$160L-6$		24.5				40/25.9		
*$180M-8$		26.1				40/27.4		
$160M_2-2$		29.4			63/32	40/30.9		
$160L-4$		30.3				40/31.8		
$180L-6$	15	31.4	100/60	100/80		40/33	4×10 SC25	4×10 SC25
$200L-8$		34.1			63/40	40/35.8		
*$160M-2$		29.6				40/31.1		

131

续表

型号Y	额定功率(kW)	额定电流(A)	轻载全压启动 熔断器/熔体额定电流(A)		断路器/脱扣器额定电流(A)	接触器额定/热继电器整定电流(A)	BLV导线根数×截面(mm^2)、钢管直径(mm)	
			RT0	RL6	DZ20、CM2	CJ20、CK1	30℃	35℃
*$160L_1$-4	15	30.1	100/60	100/80	63/40	40/31.6	4×10 SC25	4×10 SC25
*180M-6		32				40/33.6		
*180L-8		34.5				40/36.2		
160L-2	18.5	35.5	100/80	100/100	63/40	40/37.2	4×16 SC32	4×16 SC32
180M-4		35.9				40/37.7		
$200L_1$-6		37.7				40/39.6		
225S-8		41.3			63/50	63/43.4		
*$160L_1$-2		35.7			63/40	40/37.5		
*$160L_2$-4		36.9				40/38.8		
*180L-6		38.3			63/50	40/40.2		
*200M-8		40.7				40/42.7		
180M-2	22	42.2	100/80	200/125	63/50	63/44.3	4×16 SC40	4×16 SC40
180L-4		42.5				63/44.6		
$200L_2$-6		44.6				63/46.8		
225M-8		47.6				63/50		
*$160L_2$-2		42.2				63/44.3		
*180M-4		43.7				63/45.9		
*200M-6		44.2				63/46.4		
*200L-8		48.2			100/63	63/50.6		
$200L_1$-2	30	56.9	100/100	200/125	100/63	100/60	3×25+1×16 SC40	3×25+1×16 SC40
200L-4		56.8				100/60		
225M-6		59.5				100/62.5		

续表

型号Y	额定功率(kW)	额定电流(A)	轻载全压启动 熔断器/熔体额定电流(A)		断路器/脱扣器额定电流(A)	接触器额定/热继电器整定电流(A)	BLV导线根数×截面(mm²)、钢管直径(mm)	
			RT0	RL6	DZ20、CM2	CJ20、CK1	30℃	35℃
250M-8	30	63.0	100/100	200/125	100/63	100/66.2	3×25 + 1×16 SC40	3×25 + 1×16 SC40
*180M-2		57.2				100/60.1		
*180L-4		58.2				100/61.1		
*200L-6		59.2			100/80	100/62.2		
*225M-8		63.7				100/66.9		
200L₂-2	37	69.8	200/120	200/125	100/80	100/73.3	3×35 + 1×16 SC50	3×35 + 1×16 SC50
225S-4		69.8				100/73.3		
250M-6		72				100/75.6		
280S-8		78.2				100/82.1		
*180L-2		70.2				100/73.7		
*200M-4		71.4				100/75		
*225M-6		72.2				100/75.8		
*250S-8		78.1			100/100	100/82		
225M-2	45	83.9	200/150	200/160	160/100	100/88.1	3×50 + 1×25 SC50	3×50 + 1×25 SC50
225M-4		84.2				100/88.4		
280S-6		85.4				100/90		
280M-8		93.2				160/97.9		
*200M-2		84.9				100/89.1		
*200L-4		86.4				100/90.7		
*250S-6		87.4				100/91.8		
*250M-8		94.4			160/125	160/99.1		
250M-2	55	103	200/200	200/160	160/125	160/108	3×70 + 1×35 SC70	3×70 + 1×35 SC70
250M-4		103				160/108		
280M-6		104				160/109		
*200L-2		103.2				160/108		
*225M-4		103.8				160/108		
*250M-6		105.6				160/111		

续表

型号Y	额定功率(kW)	额定电流(A)	轻载全压启动				BLV导线根数×截面(mm^2)、钢管直径(mm)	
			熔断器/熔体额定电流(A)		断路器/脱扣器额定电流(A)	接触器额定/热继电器整定电流(A)		
			RT0	RL6	DZ20、CM2	CJ20、CK1	30℃	35℃
280S-2	75	140	400/250	200/200	225/160	250/147	3×95 + 1×50 SC70	3×95 + 1×50 SC70
280S-4		140				250/147		
315S-6		141				250/148		
*225M-2		139.9				250/147		
*250S-4		140.8				250/148		
*280S-6		143.1				250/150		

（2）电动机的负载电流不得超过额定值。三相异步电动机任何一相电流与其三相平均值之差不应超过10%。一般情况下，电动机三相电流不平衡，说明电动机有故障或定子绕组有层间短路现象。严重的三相电流不平衡，则说明有一相熔丝熔断，电动机处于缺相运行状态。

（3）经常检查轴承温度、润滑情况，轴承是否过热、漏油。在定期更换润滑油脂时，应先用煤油清洗，再用汽油洗干净，并检查一下磨损情况。若间隙过大或损坏，则应更换；如无缺损，则加黄油或二氧化铂等润滑剂，其量不宜超过轴承内容积的70%。

（4）经常检查电动机的温升是否超过规定值。最简单的检查办法是用手摸：先用试电笔测一下外壳是否带电，或检查一下外壳接地是否良好，然后将手放在电动机外壳上，若烫得缩手，说明已经过热；也可在外壳上滴两三滴水，若冒蒸汽并听到"哩哩"声，则说明已经过热，这叫"滴水测试"。比较准确的检查方法是使用酒精温度计。温度计底部用锡箔包住插入吊环螺孔，四周用棉花裹住。用温度计测量温度需注意：温度计应使用酒精温度计，不能使用水银温度计,因为电动机中有交变磁场,水银在这个交变磁场中将产生涡流而发热,影响测量的准确性。将测得的温度加上表面与内部的温差15℃,即为电动机的实际工作温度。

(5)注意电动机的声音和气味。正常运行时,声音应均匀,无杂声和特殊声。若有较大嗡嗡声,则说明电流过量;若有"咕噜、咕噜"声,可能是由于轴承滚珠损坏引起的;若有不均匀的碰擦声(扫膛声),往往是由于定、转子相擦引起,应立即判断处理。

(6)若供电突然中断,应立即断开开关。

(7)定期测量绝缘电阻,检查机壳接地情况。

2. 检修电动机

小修一般每年进行1~2次;大修一般1~2年进行1次。

(1)小修项目

1)清除电动机内部及外部的灰尘和油垢。

2)清理接线盒污垢,检查接线部分螺钉是否紧固完好。

3)检查轴承磨损情况,补充轴承润滑油脂。

4)检查地脚螺栓、端盖螺钉及轴承盖螺钉是否紧固,外壳接地是否良好。

5)有集电环者,清除集电环上的油垢,用细砂纸磨光灼痕。

6)调节刷握支架,更换破损电刷。

7)测量定子、转子绝缘电阻及电缆线路的绝缘电阻。

(2)大修项目

1)拆卸电动机,清除内部污垢和绕组表面灰尘,必要时清洗绕组。

2)检查绕组绝缘有无变色、焦化、脱落或擦伤现象;检查槽楔是否松动、断裂、焦化或短缺;检查线圈接头有无脱焊,必要时对线圈和绝缘进行刷漆、干燥、焊接、绑扎及紧固等处理,直至更换局部线圈或重绕。

3)检查转子有无断条及断环现象;检查转子平衡块及风扇

螺钉是否紧固。

4）检查或更换损坏的轴承、轴承盖、端盖和转轴。

5）检查通风系统和冷却系统。

6）检查调整二次回路。

7）装配电动机并检查装配质量，包括出线端连接是否正确，各处螺钉是否拧紧，转子转动是否灵活，轴伸径向摆动是否在允许范围之内，电刷与集电环接触是否良好及电刷与刷握配合情况等。

8）试验：① 测量绕组直流电阻；② 测量绝缘电阻；③ 绕组交流耐压试验；④ 空载试验；⑤ 测定定子、转子之间的气隙距离。

六、三相异步电动机的常见故障及处理方法

三相异步电动机的故障一般可分为电气和机械两部分，电气方面的故障包括各种类型的开关、按钮、熔断器、电刷、定子绕组、转子绕组及启动设备等；机械方面的故障包括轴承、风叶、机壳、联轴器、端盖、轴承盖及转轴等。

三相异步电动机的故障及处理方法见表4-6所示。

三相异步电动机常见故障及处理　　　表4-6

故障现象	可能原因	处理方法
通电后电动机不能启动，但无异响，也无异味和冒烟	1. 电源未接通；	1. 检查开关、熔丝、各对触头及电动机引出线头，将故障处查出修理；
	2. 熔丝熔断；	2. 查出烧断原因，排除故障，然后按电动机规格配上新熔丝；
	3. 过电流继电器调得太小；	3. 适当调高；
	4. 负载过大或传动机构被轧住；	4. 选择较大容量电动机或减轻负载，如传动机构被轧住，应检查机器，消除故障；
	5. 控制设备接线错误	5. 校正接线

续表

故障现象	可能原因	处理方法
电动机启动困难，带额定负载时，电动机转速低于额定转速较多	1. 电源电压过低； 2. 鼠笼转子断条； 3. 绕线式转子一相断路； 4. 绕线式转子电动机启动变阻器接触不良； 5. 电刷与滑环接触不良； 6. 负载过大	1. 用电压表、万用表检查电动机输入端电源电压； 2. 检查开焊和断点并修复； 3. 用校验灯、万用表等检查断路处，排除故障； 4. 修理变阻器接触器； 5. 调整电刷压力，改善电刷与滑环的接触面； 6. 选择较大容量电动机或减轻负载
电动机空载或负载时电流表指针的来回摆动	1. 绕线式转子电动机一相电刷接触不良； 2. 绕线式转子电动机的滑环短路装置接触不良； 3. 鼠笼转子断条； 4. 绕线式转子一相断路	1. 调整电刷压力及改善电刷与滑环的接触面； 2. 修理或更换短路装置； 3. 检查开焊和断点并修复； 4. 用校验灯、万用表等检查断路处，排除故障
接地失灵、电机外壳带电	1. 电源线与接地线搞错； 2. 电动机绕组受潮、绝缘老化或引出线与接线盒碰壳	1. 纠正接线； 2. 电动机绕组干燥处理，绝缘严重老化的要更换绕组，整理接地线

续表

故障现象	可能原因	处理方法
电动机运转时声音不正常	1. 定子与转子相擦； 2. 电动机两相运转时有嗡嗡声； 3. 转子风叶碰壳； 4. 转子擦绝缘纸； 5. 轴承严重缺油； 6. 轴承损坏	1. 锉去定转子硅钢片的突出部分，轴承如有走外圆或走内圆，可采取镶套的办法，或更换端盖或更换轴承； 2. 检查熔丝及开关的接触点，排除故障； 3. 校正风叶，旋紧螺钉； 4. 修剪绝缘纸； 5. 清洗轴承加新油，润滑脂的容量不宜超过轴承内容积的70%； 6. 更换轴承
电动机振动	1. 转子不平衡； 2. 皮带盘不平衡； 3. 皮带盘轴孔偏心； 4. 轴头弯曲	1. 校动平衡； 2. 校静平衡； 3. 车正或镶套； 4. 校直或更换转轴。弯曲不严重时，可车去1~2mm，然后套上套筒（热套）
电动机温升过高或冒烟	1. 负载过大； 2. 两相运转； 3. 电动机风道阻塞； 4. 环境温度增高； 5. 定子绕组匝间或相间短路； 6. 定子绕组通地； 7. 电源电压过低或过高	1. 选择较大容量电动机或减轻负载； 2. 检查熔丝、开关的接触点，排除故障； 3. 清除风道油垢及灰尘； 4. 采取降温措施； 5. 查出短路点，予以修复； 6. 消除接地； 7. 用电压表、万用表检查电动机输入端电源电压

续表

故障现象	可能原因	处理方法
绕线式转子滑环火花过大	1. 电刷牌号及尺寸不合适； 2. 滑环表面有污垢杂物； 3. 电刷压力太小； 4. 电刷在刷握内轧住	1. 更换合适电刷； 2. 用0号砂纸磨光滑环并擦净污垢，痕重时应车一刀； 3. 调整电刷压力； 4. 磨小电刷
轴承过热	1. 轴承损坏； 2. 轴承与轴配合过松（走内圆）或过紧； 3. 轴承与端盖配合过松（走外圆）或过紧； 4. 润滑油过多、过少或油质不好； 5. 滑动轴承油环轧煞或转动缓慢； 6. 皮带过紧或联轴器装的不好； 7. 电动机两侧端盖或轴承盖未装平	1. 更换轴承； 2. 过松时转轴镶套，过紧时重新加工到标准尺寸； 3. 过松时端盖镶套，过紧时重新加工到标准尺寸； 4. 加油或换油、润滑脂的容量不宜超过轴承内容积的70%； 5. 查明轧煞处修好或更换油环，油质太厚时应调换较薄的润滑油； 6. 调整皮带张力，校正联轴器传动装置； 7. 重新装配

七、单相异步电动机的使用与维护

单相异步电动机是利用单相交流电源供电，其转速随负载变化略有变化的一种小容量交流电机。具有结构简单、价格低廉、维修方便的特点，在工农业生产、办公场所、家用电器等方面得到广泛的应用。如：吊扇、洗衣机、电冰箱、电钻、小型机床等。

目前，农用单相电动机在农村使用已很普遍，但有些用户因使用保养不当，常有毁机和伤人的事故发生。因此，掌握正确的操作保养技术，及时分析排除故障，是消除隐患，提高使用效率，确保人身安全的重要措施。

1. 农用单相电动的使用保养

长期未使用或受潮的电动机，使用前必须检查电动机绕组与外壳之间的绝缘是否良好，有问题应及时修复，使其绝缘电阻至少不低于 0.5MΩ。

安装电动机时，供电线路的材质规格不得低于规定标准，电线切忌乱拉滥接。电动机必须有可靠的接地装置或临时接地装置。

电动机在启动前首先应进行机械方面的检查，然后进行电路方面的检查。电机的插座前最好安装熔断器，熔断器的额定电流要比电动机的额定电流高 10%～25%。

电动机连续启动，一般不得超过 3 次，每次不超过 5s，两次间隔应大于 2min。若电动机连续启动次数过多，会引起过热而烧损。

电动机投入正常工作前，应进行试运转，若电动机不转，必须立即拉开闸刀开关断电，查明原因，否则易烧坏电动机。若电动机旋转不均匀、不轻快、有异常声音等，也应停机断电检查修复。

电动机带负载正常运转时转速均匀，声音适中，发热适当。在电动机运行中，应经常检查电机的升温情况。一般电动机外壳温度不应超过 60℃以上。还要注意机组和供电线路有无杂音和异常现象，若有应立即断电检查。操作者应穿绝缘鞋，应随时监视线路的安全，消除不安全因素。检查电路必须先断开室内电源，并谨防有人不打招呼接通电源，造成检修人员触电。

露天使用的电动机，要注意防湿、防雨、防日晒。使用一段时间后，应清除电动机外壳上的杂物和灰尘，疏通风路，使电动机散热良好。

电动机工作半年后，应检查轴承润滑油脂，缺油应补充，脏油应更换。工作一年后，应检查定子、转子之间的间隙是否均匀，若不均匀应拆下轴承进行检修，对磨损严重的应更换。

2. 农用单相电动机常见故障的排除

农用单相电动机不能启动。若因保险丝熔断，可按规定重新安装保险丝；若因线路插头、闸刀等有故障，可逐次查明修复。

电动机的轴承有异常响声或过热。若因轴承严重磨损，可修复或更换；若因电动机端盖松动或没有装好，可重新紧固和装好；若因轴承内润滑油过多或过少，可按要求重新添减。

电动机机温过高。若因环境温度过高，可设法降低环境温度；若因电动机风扇损坏、通风道堵塞以及油泥、灰尘太多等，影响了电动机散热，可采用修理、清洗等方法排除；若因电动机超负荷作业，应减少负荷；若因电源电压过高或定子线圈匝间短路，可检查修复。

电动机启动后转速低。若因电动机超负荷，可减负荷；若因定子线圈短路或转子笼条断裂，可检查修复；若因电源电压太低，可更换供电线路，加大电线截面积。

电动机启动时，保险丝熔断。若因定子线圈短路，可检查修复；若因轴承损坏卡死，可更换轴承。

电动机运转不正常，并有异常声音。若因电动机定子与转子相摩擦，应检查修复；若因电动机轴承损坏，应更换轴承。

第三节 农村常用电工工具

一、电工刀

用来刨削线头绝缘层、切割木台缺口和削制木榫等。使用时应使刀口朝外，用毕把刀身及时折入刀柄。

二、低压验电器

我们常将低压验电器称为低压试电笔或低压验电笔。它是广大电工常用和必备的电气安全工具，是用来检验低压电气设备和线路是否带电的一种专用工具。其外形分为笔型、改锥型和组合型等多种。验电时，手握顶部金属部分，笔尖或锥尖触及电气设备，观察氖泡是否发光或根据其明暗程度来判断电气设备是否带电或电压的强弱。使用时，手掌或手指必须有效地触及笔尾金属体，但人体不可触及笔尖部分金属体，以避免发生触电事故。

低压验电器除主要用来检查、判断低压电气设备或线路是否带电外，还有以下用途：

(1) 区分火线和地线。接触时氖泡发光的线是火线（相线），氖泡不亮的线则是地线（中性线或零线）。

(2) 区分交流电和直流电。交流电通过氖泡时，氖泡两极都发光；而直流电通过时氖泡只有一极发光。靠笔尖的一极灯丝发光则可判定此线为直流负极，反之为正极。

(3) 判断电压的高低。如氖泡灯光发亮至黄红色，则电压较高；如氖泡发暗微亮至暗红，则电压较低。

三、钢丝钳

是电工应用最频繁的工具。

其中钳口：用来绞绕电线的自缠连接，或弯曲芯线连接时所需的各种形状或用作各种钳夹、扭曲等加工。

齿口：可代替扳手来拧小型螺母，也可用来扳拧小型需转动的金属杆梗。

切口：用来剪切电线或其他金属细线，也可用来剥离 $4mm^2$ 及以下导线的绝缘层或掀拔铁钉等。

铡口：用来铡切钢丝等硬金属丝。电工所用的钢丝钳，钳柄上应套有绝缘套管。使用时，宜把刀口面朝自身，以便掌握准确的剪切尺寸。

四、螺丝刀

是用来起松和拧紧有槽螺钉的常用工具。有一字槽和十字槽两种。使用时，应按槽型和螺钉规格选用，操作时应使槽口顶牢螺钉槽口，防止打滑而损坏槽口。为了防止发生短路或触电事故，在刀杆上应加装绝缘套管，严禁使用刀杆直通柄顶的螺丝刀，以防触电。

第四节　农村常用电工仪表

一、万用表

万用表是一种多用途的测量仪表，它可以用来测量直流电流、直流电压、交流电压、电阻等。有的万用表还可以测量电感、电容、晶体管电流放大电流倍数等。因此，万用表可以间接检查各种电子元器件的好坏，检查、调试几乎所有设备。万用表种类繁多，根据所使用的测量原理及测量结果显示方式的不同，一般可分为指针式万用表和数字式万用表。

指针式万用表小巧结实，经济耐用，灵敏度高，但读数精度稍差；数字式则读数精确，显示直观，有过载保护，但价格较贵。

下面分别举例对指针式万用表和数字式万用表作一介绍。

1. 指针式万用表

习惯上，人们把连续变化的物理量称作模拟量。指针式万用表的指针偏转可随时间作连续变化，并与输入量保持一种对应关系，故称之为模拟式万用表。

模拟式万用表的测量过程是通过一定的测量机构将被测的模拟电量转换成电流信号，再由电流信号去驱动表头指针偏转，通过对相应的刻度板读数即可指示被测量的大小。如图4-7所示为MF-30型万用表的面板图。

一般的模拟式万用表通常由磁电式测量部件（表头）、电子测量电路、转换开关等组成。面板表头的有机玻璃上配有机械调零螺丝，右面是零欧姆电阻调零电位器，下边是两个正负极测量输出插孔。转换开关作为选择不同测量种类和不同量程的切换开关。

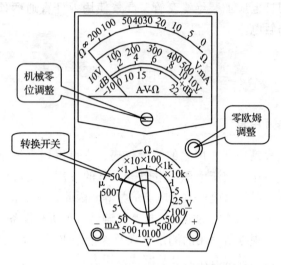

图 4-7 MF-30 型万用表的面板图

（1）指针式万用表的机械调零和电位器调零

万用表的准确零位非常重要，否则测出的参量就失去了意义，犹如市场上买东西时要校准称盘一样。万用表的调零分为机械调零和电位器调零两种，具有不同的适用场合。

电流、电压的调零——使用机械调零。在测量电流或电压之前，将连接面板插口正、负极的两根表棒悬空，观察表头指针是否向左满偏，指在零位上，如不在零位，可适当调整表盖上的机械零位调节螺丝，使其恢复调至零位上，测试的电流电压读数才会准确。

电阻调零——使用电位器调零。测量电阻共有 5 个挡位，每个挡位下，都需要重新使用调零电位器，以保证准确的零位。因此，几乎每次测量电阻前，都需要对万用表进行电阻调零。在测量电阻之前，将连接面板插口正、负极的两根表棒短接，观察表头指针是否向右满偏，指在零位上，如不在零位，可适当左右调整电阻调零电位器，使其调至零位上。

（2）指针式万用表使用中的安全注意

1）不能带电测量电阻。测量一个电阻的阻值，必须保证电阻处于无源状态，也就是测量时，电阻上没有其他的电源或者信号。特别在电路板带电工作时，严禁测量其中的电阻。否则，除测量结果没有意义外，一般都会将万用表的保险丝烧毁。

2）不能超限测量。超限测量是指万用表指针处于超量程状态。此时，万用表指针右偏至极限，极易损坏指针。发生超限测量，一般是由于量程不合适造成。选择合适的量程或者在外部增加分压、分流措施都可以避免超限测量。

3）不要随意调节机械调零。测量电阻时需要调节调零电位器，是因为不同的电阻挡位需要不同的附加电阻，并且电池电压一直在变化。而机械调零在出厂调好后，一般不需要调整。因此，不要随意调节机械调零。

4）在万用表测量高电压时，务必注意不要接触高压。万用表的表笔脱离表体、导线漏电等，都有可能导致触电。因此，在测量高电压时，测试者一定要保持高度警觉。

5）不要让万用表长期工作于测量电阻状态，万用表仅在测量电阻时消耗电池。

6）万用表使用完毕，应将转换开关旋至交流电压的最高量程挡，以免下次使用时，由于疏忽放错量程位置而损坏仪表。

（3）正确使用指针式万用表

1）如何测量电阻？

为了能够测量不同数量级的电阻，MF—30型万用表设有$\Omega \times 1 \sim \Omega \times 10k$共五个挡位，且共用表头中第一条欧姆标尺刻度。转换开关所选欧姆值与指针偏转读数以倍率关系计算。指针指在不同位置的读值应乘以所选挡位的欧姆数，即为所测电阻的数值。由于零欧姆电阻调零不能覆盖五个挡位，故每换一挡量程，就必须调零，以确保测量电阻的精确度。通过换挡，使指针位于表头中部时读数精度最高。

为了保证测量电阻的准确性，有以下几点注意：

① 保证电阻不和其他导电体连接，避免出现并联。不要用

双手接触电阻,避免将人体电阻与被测电阻并联;尽量不要在电路中测量电阻,其他电路很可能称为并联电阻,因此,最好将电阻拆卸下来测量。

② 选择合适的挡位,使得指针尽量处于右顶端偏左 1/3 处。

③ 准确调零。

④ 正确读取测量值。

2) 如何测量直流电压?

MF-30 型指针式万用表的直流电压测量范围从 1~500V 共五个挡位。测试直流电压时,把转换开关换至直流电压量程挡,根据被测电压大小,应从大到小选定量程,再将万用表插孔的 +、- 极性通过表棒并联接入待测电路,在表头第二条刻度(具有 V 标识符)的线上找出相应读值。转换开关所选值为指针向右满偏时的读值,指针指在不同位置,读数应按比例计算。通过换挡,使指针位于表头中部时读数精度最高。

例:测量双路稳压电源的 +12V 电压输出时,应先将万用表转换开关选至直流电压挡,继而转至向右满偏时为 25V 量限位置,把万用表插口的正极表棒(红色)接电源正极(红色)插孔,负极表棒(黑色)接电源负极黑色插孔,以并联方式连接,在表头第二条刻度(具有 V 标识符)的线上找出满挡为 25V 的数值,此时表针摆向中部,通过折算读数为 12V。

3) 如何测量交流电压?

磁电式结构万用表测量交流电压时,刻度标尺上标出的是正弦交流电的有效值,因此,万用表的交流电压挡只能测正弦交流电压且读数为有效值,仅适合测量 45~1 000Hz 频率范围内的电压。交流电压的测量范围从 10~500V 共三挡。测试交流电压的方法与测试直流电压的方法相同,只需将转换开关选至交流电压量程范围。若测量小于 10V 的交流电压,考虑到二极管非线性因素的影响,特别设置了第三条刻度标尺线,测量方法及读数方法与测量直流电压方法相同。

例:检测某插座上有无 220V 交流电压输出时,应先将万用表转换开关选至最下方的交流电压挡，继而转至向右满偏时为500V交流量限位置上，把万用表＋、－插孔的红黑表棒（以并联方式）分别插入三相插座（除地线插孔外）的两个插孔中，（由于测交流电压，故正、负极性任意连接），在表头第二条刻度（具有V标识符）的线上找出满挡为500V的数值，此时表针摆向中部，通过折算读数为220V。

4）如何测量直流电流？

MF-30型指针式万用表的直流电流测量范围从50μA～500mA共五个挡位。测试直流电流时，根据被测电流大小，先将转换开关选至合适的直流电流量程挡。如不确定，应从大到小选定量程，再将万用表插孔的＋（红色）、－（黑色）极性通过表棒按"正入负出"原则，把万用表串联接入待测电路，在表头第二条刻度（具有mA标识符）的线上找出相应读值。转换开关所选值为指针向右满偏时的读值，指针指在不同位置，读数应按比例计算。通过换挡，使指针位于表头中部时读数精度最高。

5）万用表内阻对测量电压的影响。

由于指针式万用表的内阻比数字万用表小。因此，用指针式万用表测量电压时，需要考虑内阻对被测电路的影响。

6）万用表电池耗尽，还能工作吗？

在没有电池的情况下，指针式万用表还可以测量电压和电流。

2. 数字式万用表

数字式万用表的工作原理、读数方式不同于指针式万用表，指针式仪表是直接显示模拟量（电压、电流、功率等），而数字式仪表是将模拟量转换为数字量，再进行测量显示。

数字式万用表的显示位数一般为4～8位。若最高位不能显示从0～9的所有数字，即称为"半位"，写成"1/2"位。例如袖珍式数字万用表共有4个显示单元，习惯上叫"3 1/2位"（读作"三位半"）数字式万用表。同理，具有8个显示单元的数字式万用表则称为"7 1/2位"数字式万用表。

数字式万用表种类很多,近年来发展很快,不少数字式万用电表中已使用了微处理器。因为数字式万用表具有很高的准确度和分辨率,具有良好的稳定性,故可以用于精密测量。下面以 DT-830 型为例,介绍数字式万用表的技术性能和使用方法。

(1) 面板说明

DT-830 型数字式万用表的面板如图 4-8 所示。

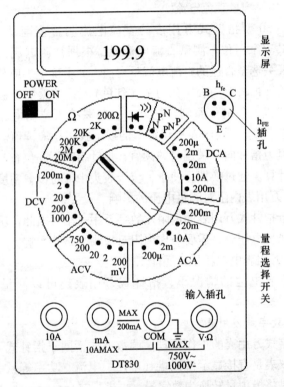

图 4-8　DT-830 型数字式万用表的面板图

该表的前面板主要包括:

1) 液晶显示器:液晶显示器采用 FE 型大字号 LCD 显示器,最大显示值为 1999 或 -1999。仪表具有自动调零和自动显示极性的功能。如果被测电压或电流的极性为负,就在显示值前面出现负号"-"。当叠层电池的电压低于7V时,显示屏的左上方显示低电压指示符号,提示需要更换电池。超量程时显示"1"或"-1",视被测电量的极性而定。小数点由量程开关进行同步控制,使小数点左移或右移。

2)电源开关:在POWER(电源)下方标注有符号"OFF"(关)和"ON"(开)。把电源开关拨至"ON",接通电源,即可使用仪表;使用完毕后应将开关拨至"OFF"位置,以免空耗电池。

3)量程选择开关:6刀28掷,可同时完成测试功能和量程的选择。

4)h_{FE}插口:采用四芯插座,上面标有B、C、E。E孔共有两个,在内部连通。测量晶体三极管h_{FE}值时,应将三个电极分别插入B、C、E孔。

(2)输入插孔

输入插孔共有四个,分别标有"10A"、"mA"、"COM"和"V·Ω"。在"mA"与"COM"之间标有"MAX750V ~ 1 000V"的字样。表示从这两个孔输入的交流电压不得超过750V,直流电压不得超过1 000V。另外在"mA"、"COM"之间标有"MAX200mA",在"10A"与"COM"之间还标有"MAX10A"字样,分别表示输入的交、直流电流的最大允许值。

(3)数字式万用表的使用方法

1)测直流电压:直流电压挡量程分为:200mV、2V、20V、200V和1 000V五挡,直流电压挡输入电阻为10MΩ。测量直流电压时将电源开关拨至"ON",量程开关拨至"DCV"范围内的合适挡位,红色表笔接"V·Ω"插孔,黑色表笔接"COM"孔。最大输入电压不能超过1 000V。测电压时,电压表应并联在电路中,应根据被测量电压选择交流挡或直流挡;然后根据被测电压的大小,合理的选用量程。不能用高量程去测低电压,否则测量误差会很大。

2)测交流电压:交流电压挡量程分为;200mV、2V、20V、200V和750V五挡。交流电压挡输入阻抗等于输入电阻

（10MΩ）与输入电容（小于100PF）并联后的总阻抗。测量交流电压时将量程开关拨至"ACV"范围内的合适挡位，表笔接法与测量直流电压相同。被测交流电压的频率范围为45Hz～5kHz。最大输入交流电压有效值不能超过750V。

3）测直流电流：直流电流挡量程分为：200μA、2mA、20mA、200mA 和 10A 五挡。测量直流电流时将挡位拨至"DCA"范围内合适处，被测电流小于200mA，红色表笔接"mA"插孔。被测电流超过200mA，红色表笔插入10A挡专用插孔。黑色表笔均插入"COM"插孔。

4）测交流电流：交流电流挡量程分为：200μA、2mA、20mA、200mA 和 10A 五挡。测量交流电流时将量程开关拨至"ACA"范围内合适处，表笔接法与测量直流电流相同。

5）测量电阻：直流电阻挡量程分为：200Ω、2kΩ、20kΩ、200kΩ、2MΩ、20MΩ 六挡。测量直流电阻时，将量程开关拨至"Ω"挡范围内合适处。红色表笔接"V·Ω"插孔，黑色表笔插入"COM"插孔。

200Ω挡的最大开路电压约为1.5V，其余电阻挡约为0.75V。电阻挡的最大允许输入电压为250V（DV 或 AC），是指使用者误用电阻挡测量电压时仪表的安全值、绝不表示可以带电测量电阻。

6）测量二极管：将量程开关拨至二极管挡。红色表笔插入"V·Ω"插孔，接二极管正极；黑色表笔插入"COM"插孔，接二极管负极。开路电压为2.8V（典型值）、测试电流为1±0.5mA。测锗管时应显示0.15～0.3V，测硅管时应显示0.55～0.7V。

7）检查线路通断：将量程开关拨至蜂鸣器挡，红笔插入"V·Ω"插孔，黑表笔插入"COM"插孔。若被测线路电阻低于规定值（20±10Ω），蜂鸣器可发出声音，表示线路是连通的。利用蜂鸣器来检查线路是连通的，既迅速又方便，因为使用者不需要读出电阻值，仅凭听觉即可作出判断。

DT-830 的测量范围及准确度见表4-7。

表 4-7 DT-830 的测量范围及准确度

测量项目	测量范围	准 确 度
直流电压 DCV	0.1mV~1 000V	±(0.5%~0.8%)+2 个字
交流电压 ACV	0.1mV~750V	±1.0% +5 个字
直流电流 DCA	0.1μA~10A	±(1.0%~2.0%)+2 个字
交流电流 DCA	0.1μA~10A	±(1.2%~2.0%)+5 个字
电阻 Ω	0.1Ω~20MΩ	±(1.0% +2 个字~2.0% +3 个字)
分辨力	1 个字	

二、钳形电流表

1. 结构和工作原理

钳形电流表是用于不拆断电路而需测量电流的场合。用电磁系测量机构制成的钳形电流表,可以交直流两用,其外形如图 4-9 所示。测量部分主要由一只电磁式电流表和穿心式电流互感器组成。穿心式电流互感器铁心做成活动开口,且成钳形。

电磁系测量机构的作用原理如图 4-10 所示。可以看出在线圈内有一块固定铁片和一块装在转轴上的动铁片,当线圈中有被测电流通过时,定铁片和动铁片同时被磁化,并呈同一极性。由于同性相斥的缘故,动铁片便带动转轴一起偏转。当与弹簧反作用力矩平衡时,便获得读数。

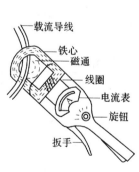

图 4-9 钳形电流表外形

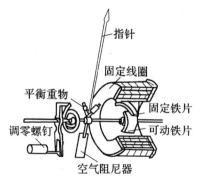

图 4-10 电磁系测量机构的作用原理

在铁心钳口中的被测电流导线相当于上述电磁系测量机构中的固定线圈,它在铁心钳口中产生磁场,位于铁心缺口中间的可动铁片受此磁场的作用而偏转,从而带动指针指示被测电流的数值。

因此,嵌形电流表原理是当被测载流导线中有交变电流通过时,交流电流的磁通在互感器副绕组中感应出电流,使电磁式电流表的指针发生偏转,在表盘上可读出被测电流值。

由电流互感器和电流表组成的钳形电流表,只能测量交流电流,有的可以测量交流电压。

2. 使用方法

(1) 测量前,应检查仪表指针是否在零位,若不在零位,应进行机械调零。

(2) 测量时,应将转换开关置于合适量程,对被测量大小心中无数时,应将转换开关置于最高挡,然后根据测量值的大小,变换到合适量程。应注意不要在测量过程中切换量程。

(3) 进行电流测量时,被测导线的位置应放在钳口中央。钳口两个面应接合良好,如有杂声,可将钳口重新开合一次。钳口有污垢,可用汽油擦净。

(4) 测量小于 5A 以下电流时,为获得准确的读数,可将导线多绕几圈放进钳口进行测量,但实际的电流数值为读数除以放进钳口内的导线根数。

(5) 不可用钳形电流表测量高压电路中的电流,以免发生事故。

(6) 钳形表用完后,应将量程选择旋钮放至最高挡。

第五章　家用电器的选购和使用

改革开放以来咱们农村的生活质量逐年上升，消费水平也不断提高，各式各样的家用电器已经成为乡村家庭寻常的用品，可是在面向农村的家电市场上鱼龙混杂，因此广大农村消费者在购买或使用这些家电的时候经常会遇到这样那样的问题。为了能提醒广大农村消费者，尽量避免花冤枉钱以及由于使用不当带来的经济损失，现就常用家用电器的选购和使用保养做一简要说明。

第一节　电视机的选购和使用

一、电视机的选购要点

如今人们的生活水平比起10年之前已经有了天翻地覆的变化，家用电器在家庭中的配置数量和品种更是生活水平提高的一个标志，其中电视机在家用电器里面尤显其特殊地位。目前彩电市场上品种繁多、型号各异，不同品牌之间价格差异也很大，面对众多的品牌，面对杂牌机诱人的低价，面对令人眼花缭乱的功能，你可能无所适从。那么如何选择一款适合自己的电视机呢？

1. 确定你想要的屏幕类型

电视机应该算是普通家用电器里面技术含量最为丰富的电器产品了,种类繁多,目前主流产品还是以传统的阴极射线管俗称显像管(CRT)型电视为主,将来会以等离子(PDP)或者液晶(LCD)为主要发展方向。那么背投电视呢?相对 CRT 而言,背投有色散、对比度不高、视角窄、投影管寿命短等缺点,虽然随着技术的发展,这些缺点在一些顶级背投产品上已经得到很大的改善,例如 LCD 背投、DLP(数字光处理技术)背投和 LCOS(硅基液晶)背投,但是总的来看背投电视很难成为高端电视的主流,只会是一种过渡产品。

(1)阴极射线管(CRT)型电视

传统的彩色显像管型电视机又有超平与纯平之分。超平彩电是在原平面直角彩电的基础上,适当提高了屏幕的平坦度,使画面质量得到大幅度的提高,但由于屏幕仍有一定曲度,所以图像失真的现象不可能完全避免。纯平电视采用的是最先进的完全平面彩色显像管,最大限度地减少了图像的扭曲、变形和反射,保证每一个角落都能真实再现逼真的影像,防止收视者产生眼部疲劳。除此之外,纯平彩电还采用了大量优化电路,在声像质量上都较超平彩电优越一些。

(2)等离子电视

等离子电视和以下介绍的液晶电视因都具有厚度薄、能摆能挂墙,所以也叫做平板电视。

等离子显示,就是我们通常说的 PDP。其结构则是在两张薄玻璃板之间充填混合气体,施加电压使之产生离子气体,然后使等离子气体放电,与基板中的荧光体发生反应,产生彩色影像。等离子显示屏是自己发光的,屏幕上每个像素点相当于一个小灯管。

等离子电视的优点:对比度高、色彩鲜艳丰富、响应速度快、自发光、可视范围(视角)大、容易实现大屏幕和超大屏幕、可实现全数字化。

等离子电视的缺点：等离子电视虽然很薄，但其重量并不轻；屏幕容易被烧伤；解析度不够高，画面上常可以看到比较粗的颗粒；耗电量比较大（如一台42寸的耗电量约为380W，像60寸的甚至达到600W）。

(3) 液晶电视

液晶显示，就是我们经常说的 LCD。液晶面板的结构有些类似于"夹心饼干"，我们可以简单地把它理解为在两层玻璃中间，加入了一层液晶材料。当我们"咬下"这块"饼干"后，会发现中间所"夹"着的这层材料，在加热时为液态，冷却时就结晶为固态，这也就是液晶的特性，LCD 也正是基于了这种特性，当外界环境变化时，它的分子结构也会变化，从而就能实现通过或者阻挡光线的目的，同时还可以表现出不同的灰度与色彩。液晶电视自己不发光，后面有个灯管，前面的液晶屏相当于控制光线通过的小门。

液晶电视近看时画面细腻，但由于屏幕成本的因素，仍然以37英寸以下的中小屏幕为主。因此卧室等小房间可以选择一台小巧的液晶电视，也能取得较佳的观赏效果。

液晶电视优点：无辐射、无屏闪、保护观众视力和身体健康；可视面积大、分辨率高、画质精细，同时做到低功耗，环保节能。液晶电视只有同尺寸 CRT 电视的一半功耗，比等离子更是低很多。

液晶电视的缺点：可视角度小，若从电视的侧面来看，就会看不清楚，不过，广视角技术现在已相当成熟，视角小的问题已得到较好地解决；响应速度慢，容易产生影像拖尾现象（看快速动作的影像时有一定影响）；寿命有限，液晶电视不像 CRT 那么耐用，主要是背光灯管的寿命相对较短。随着技术的不断进步，液晶电视响应速度慢及寿命问题都已得到较大改善。

(4) 数字电视

"数字电视"，简而言之，就是用数字信号技术进行制作、播出和传送的电视。数字电视含义并不是指我们一般人家中的电视机,而是采用数字信号广播图像和声音的新的电视系统(不仅仅是一台电视机而已),它从节目采编、压缩、传输到接收电视节目的全过程都采用数字信号处理。其具体传输过程是:由电视台送出的图像及声音信号,经数字压缩和数字调制后,形成数字电视信号,经过卫星、地面无线广播或有线电缆等方式传送,由数字电视接收后,通过数字解调和数字视音频解码处理还原出原来的图像及伴音。因为全过程均采用数字技术处理,因此,信号损失小,接收效果好。

我国广播电视由模拟向数字转换的速度正在加快。根据国家规划,我国到2010年将全部实现广播电视数字化覆盖,2015年停止广播电视模拟信号播出。近年来,我国数字电视出现了爆发性增长,2007年我国数字电视用户已达2 718.6万户,预计到2010年全国数字电视用户将达9 800万户,相对于这一庞大的数字电视用户数而言,当前我国数字电视一体机的普及率还很低。

目前市场上销售的数字电视,从严格意义上讲不是数字电视,而是数字电视信号显示器,因为这样的数字电视并不能直接收看数字电视节目,还需要再接上一个机顶盒,接收并转换信号格式才行。传统的显像管(CRT)电视,加装机顶盒(内配置智能卡)也可以正常收看数字电视节目。

真正意义的数字高清电视包括高清数字信号源、高清数字终端、数字电视机顶盒等部分,最优解决方案无疑是采用最新数字技术,覆盖机顶盒功能,并兼具模拟、有线数字、无线地面数字播等多种接入方式。据报道国内已有生产厂家推出了全模式高清数字电视一体机。

我们将三种主流电视机的特点及参考价格(以29英寸为例)归纳在表5-1中,供挑选时参考。

三种主流电视机的特点及参考价格　　　　表5-1

类　　型	参　考　价　格	优　　　点	缺　　　点
传统CRT电视	29英寸 约2 000起	性价比高	体积庞大
液晶电视	32英寸约5 000起	轻巧、纤薄、 清晰度好、节能	价格贵
等离子电视	32英寸约4 000起	超大的屏幕尺寸、 画质好	能耗高、 没有小尺寸

2. 确定你想要的屏幕尺寸

买电视要考虑到大小问题，不要盲目求大。电视机过大，而观看距离又不够远，不仅影响视觉效果，还会造成眩晕、头疼等不适症状。一般说来CRT电视机的最佳观看距离一般是屏幕高度的5~7倍，平板电视的最佳观看距离一般是屏幕高度的3倍左右。我们在选择电视机大小时要考虑房间的大小和实际观看距离，可参考表5-2选购。这个您可别一味的图大，根据您的实际观看距离选择才是最科学的。

观看距离与屏幕尺寸匹配表　　　　表5-2

观看距离 （m）	16:9平板电视		4:3CRT电视	
	水平视角（度）	对角线（英寸）	水平视角（度）	对角线（英寸）
1.7	20	26	10	17
2.0	20	32	10	21
2.4	20	37	10	25
2.5	20	40	10	28
2.7	20	42	10	29
3.0	20	47	12	34
3.3	20	52	15	43

3. 慎选品牌

首选信誉度高及售后服务好的名牌企业，并有"长城"标志或"CCIB"标志（进口商品认证检验）的产品。选择名牌产品则可省去很多烦恼，可以说，买名牌就是买放心。一般说，名牌彩电生产厂家都具有很强的技术实力、很高的制造工艺水平，产品的技术含量、可靠性均有充分的保障。电视机的知名品牌较多，有长虹、康佳、创维、厦华、熊猫、高路华、飞利浦、三洋、TCL、海尔、海信、索尼、松下、三星等。

4. 功能考虑

彩色电视机最主要的功能是收看广播电视节目，并且能与家用录像机、VCD、超级 VCD、DVD 播放机等配合使用，因此彩色电视机必备的基本功能主要有以下几个：

能接收、重显 PAL-D 制彩色电视信号，除能接收 56 个广播电视频道之外，还应能接收 42 个有线电视增补频道，预选位在 100 个以下（再多没有任何实用价值）；具有红外遥控功能，包括频道预置、选台、亮度、对比度、色饱和度、音量控制、关机、静音、TV/AV 切换等。

必要的外接端子：

AV 输出（一路）：供录像机用；

AV 输入（一路或二路）：供录像机、VCD、DVD 播放机用；

S 输入端（一路）：供具有亮色分输出的录像机、VCD、DVD、数字电视机顶盒等使用，可以重显高质量图像。

具有独立的左、右声道放声系统，再现立体声信号。

可以接收、重显的彩色电视制式。最主要的是能接收适合我国彩电制式的 PAL-D 制，如果邻近香港、澳门地区，可以是 PAL-D/I 两制式，AV 输入端可以重显 NTSC 制或 PAL-60 制。因为有些进口录像机、VCD、DVD 激光盘片可能是 NTSC 制或 PAL-60 制。

5. 选购时的注意事项

(1) 画面质量的判别

注意观察画面左上角或右下角的台标，若画幅和亮度关系不好，这个标记将不停地抖动，抖动幅度越大越不行。还可以通过留意画面下方从右向左走动的字幕来进行判断，走动中的字的大小、形状、高度不易察觉到变化的才算好。也可以观察电视画面中洗发水广告模特儿的黑头发，这能说明层次问题，如果黑头发不再有光泽而是一团乌，都是层次表现不好。画面上最难表现的不是彩色而是黑白部分，这是最难表现的地方。白应该就是白，不能灰，黑应该就是黑，也不能灰，而且要黑得漂亮、黑得有质感。

（2）声音质量同样不容忽视

接收电视节目，图像调至最佳状态，声音应清脆洪亮，没有变调、失真现象及其他干扰声响，画面上也不应出现随声音而变化的水平干扰条纹。检查伴音质量时，将音量调至最小，耳朵靠近喇叭，不应听到"嗡嗡"声。

（3）一般质量外观检查

检查电视外壳是否完整，屏幕是否有划痕，遥控器、说明书等各种附件是否完整。

另外，购买时机在所有家电产品的选购中也是一个很重要的问题，选择一个比较好的购买时机能给购机者节省支出。新品刚推出时一般价位总是偏高的，在产品成熟之后，随着市场的推广，销量的增加，技术的成熟，成本下降，最终导致市场售价的下滑。另外，在节假日购买也是一个不错的选择，厂家和商家为了促销，往往会进行降价，但是春节不是一个选购的好时机，因为春节是消费旺期，由于销量大，往往厂家不会降价促销。每年的4~8月份是电视机的销售淡季，此时找准促销时机去购买应该比较合时宜。

二、电视机的使用和保养

（1）使用前应仔细阅读使用说明书。

（2）安放地点应尽量远离干扰源。室内干扰源主有电风扇、电冰箱、洗衣机等，否则荧光屏会磁化，产生色斑。大屏幕彩电的荧光屏应朝南或朝北放置，使地球的磁场方向与显像管内电子束射线方向一致，防止地磁影响色纯度。

（3）电视机在搬运过程中应避免碰撞。因为显像管是一个高度真空的光电器件，其表面承受着很大的大气压力，尤其是显像管尾部的玻璃壁很薄，一旦碰坏就容易爆炸，严重者会造成人身伤亡事故。

（4）电视机在使用过程中要能够充分的通风散热。阳光或其他强光长期直射电视机荧光屏，会使荧光材料过早老化，缩短显像管的使用寿命，所以平时不用时最好用遮光的深色织物盖在电视机上。但要注意不要覆盖塑料布，在底部也不要垫泡沫塑料，以免影响彩电透气、散热。因此在潮湿的梅雨天，即使不看电视，也要定期通电打开 1~2h，利用本机热量驱散潮气。夏季收看电视时间不宜太长，一般不要超过 3h。冬季从室外带回的电视机不要马上开机，应放置约 2h，使机温和室温相一致后再使用。

（5）看电视最好开一盏小灯。有些农村消费者为了省电不开灯。在光线较暗的场所收看电视时适宜开一盏 10W 以下的节能灯，有利于减轻眼睛疲劳，保护视力。但不提倡开日光灯，以免干扰图像和伴音。

（6）不宜频繁开关电视机。电视节目看完后，要及时关掉电视电源开关，并切断电视连接电源（拔下电视机电源线插头或关掉电源线连接插座开关），切勿仅用遥控器关机，否则电视机长时间通电，会消耗电能、影响电视机使用寿命。不能用插拔电源插头的方法开关电视机。电视机产生异常时应立即关机，及时切断连接电源，在查明原因并修复后再通电开机。

（7）若用室外天线，应注意防雷。雷雨天气最好关掉电视机，拔下天线和电源插头，以防雷击。天线的安装高度在 10m 左右为宜。一定要架设牢固，要避免和附近的电灯和电话线相接触。馈线的走向不得与电话线平行或靠近。馈线与天线振子应焊牢，用绝缘物固定天线。

（8）注意及时除尘。电视机使用一段时间后会因高压产生的静电吸引很多的灰尘。灰尘积多了，就会影响物件的散热，甚至引起打火，导致元器件损坏，因此要注意及时除灰尘。荧光屏外表面的清尘一定要在关机状态下进行。擦拭荧光屏时，宜用细软的绒布或药棉蘸酒精少许，从屏幕中心开始向四周擦拭。背投、等离子、液晶电视机请用专用的软绒布擦，但注意不能用鸡毛掸子或其他洗涤剂之类的东西来清理荧光屏。电视机在工作时其内部可产生上万伏左右的高压，不要随意拆开机器后盖，以免发生触电现象。如果必须清除机内尘土，也要等停机半小时后，高压放电结束了再进行清理。

第二节 电冰箱的选购和使用

一、电冰箱的选购要点

1. 挑选信誉良好的品牌

知名品牌经受住了市场的考验，在品质、服务等方面都提供了更为有力的保障。冰箱市场的集中度相对较高，总体来讲，主流品牌产品质量都比较可靠，如果您想选择国产品牌，可在获得"中国名牌"称号的冰箱品牌中选择。2007年9月，国家相关部门对冰箱的"中国名牌产品"进行第二次复评，海尔、美的、新飞、美菱、科龙、海信、万宝、星星以及华日9个品牌的冰箱获"中国名牌"称号。当然，国内还有许多品牌质量也不错，如容声、荣事达、长岭、白雪、TCL、澳柯玛、华凌、冰山、小天鹅等。如果您想选择外资品牌，可从西门子、LG、伊莱克斯、三星、松下、东芝等著名品牌中选择。

2. 确定冰箱的大小

冰箱大小的确定应视饮食习惯、食物采购方便程度、住房条件和家庭经济情况等综合因素而定，丰俭由人。一般可按人均容积60~70L考虑，如三口之家选容积180~200L较为合适。当然，人口较多、经济条件好、住房面积大的家庭，应挑选容积大的冰箱。电冰箱冷藏室容积相差 30L，其耗电量基本不变。但小在冷冻室上，却可节省电耗。另外从生活质量、饮食营养的角度讲，食物吃新鲜的好，冷冻食品不应久存，否则食品营养成分损失就多，因此家用电冰箱的冷冻室的容积显然不必贪大。

3. 选择合适类型的电冰箱

（1）有霜还是无霜：家用电冰箱按箱内冷却方式来分，可分为间冷式和直冷式两种。间冷式电冰箱俗称无霜电冰箱，直冷式电冰箱俗称有霜电冰箱，两者各有利弊。间冷式冰箱不结霜、制冷迅速，但能耗高、噪声大、储存的食物易风干、受低电压影响大。而我国大部分地区的市网电压不稳定，尤其是夏季高温时期。如果选用直冷式电冰箱就不会产生这个现象了。一般来说，容积在 120L 以下的小型冰箱，可考虑选择直冷式冰箱，而中、大型的冰箱选择无霜冰箱更佳。体积越大，无霜冰箱具有的冷量分布均匀、冷冻效果越突出。

（2）变频还是非变频：家用电冰箱按压缩机控制方式来分，可分为变频控制和非变频控制。变频控制无需频繁启动，省电、静音，但制造成本高，维护费用高。非变频控制频繁启动，能耗高，启动时噪声较大，但制造成本低，维护费用低。

4. 选择合适的冷冻能力

冰箱上方标有"*"的符号，那就是冰箱冷冻能力的标志，代表冰箱冷冻室内所能达到的温度。冰箱的星级标准是国际统一的。我国市场上销售的多为四种星级标准的冰箱产品:"＊"不低于零下6℃;"＊＊"不低于零下12℃;"＊＊＊"不低于零下18℃;"＊＊＊＊"不低于零下24℃。冷冻能力越强,制冷效率也越低,同时所需要的电能消耗也越大。家用电冰箱最主要是保鲜而不是制冷,过大的冷冻力不仅要无谓地增加用户的开支,而且会破坏食品的内部组织,影响营养。所以在选购时一定要根据自家的需要进行挑选,不要盲目追求制冷量大。

5. 选择合适的气候类型

电冰箱箱体背面铭牌上都标有该台电冰箱的气候类型,在电冰箱使用说明书的"技术规格"栏目中也写明了气候类型。家用电冰箱按气候类型分为4类:亚温带型(SN),其适宜的使用环境温度为10~32℃;温带型(N),适宜的使用环境温度为16~32℃;亚热带型(ST),适宜的使用环境温度为18~38℃;热带型(T),适宜的使用环境温度为18~43℃。不同气候类型的电冰箱,因使用环境条件不同,其设计上的要求也是不同的。超出设计时的温度条件使用,轻则效率下降,重则机器受损。我国目前上市销售的电冰箱多数为温带型(N)的,基本符合我国大部分地区的气温实际状况。但近年来随着全球气温的变暖,我国夏季的气温也已出现了长时间、大范围地升高。有的地方气温已超出了温带型(N)电冰箱的使用环境温度上限(32℃),这时电冰箱就会不停地运转,这就使得许多温带型(N)的电冰箱到了夏季使用时会产生很多意想不到的故障,所以在这些地方比较稳妥的选择是选用亚热带型(ST)的电冰箱为好。

6. 一般质量外观检查

(1)检查电冰箱外壳是否完整,是否有划痕,说明书等各种附件是否完整。喷塑涂层是否光洁明亮,冰箱内胆有无破裂损伤,箱壁发泡层是否充实。

(2)试冰箱门的密封程度和开启力。箱门关闭接近箱体时有一定的吸力,因门封条中有磁条产生吸力使箱门密闭以保持冷冻冷藏。检查箱门的密封性和磁性门的封条的吸力大小，可用一0.08mm纸片夹于门封的任何一处，不应自行滑落，一般门的开启力在1.02~7.14kg，开门时如果手感用力较强，而且均匀，说明门封条平整、严密，封条磁性好。反之，吸力不大，门封不严。这样耗电多、制冷效果差。

（3）摸机体。首先将冰箱可调支脚水平调稳，接通电源，将温控器调到弱冷位置，手放在冰箱顶盖上，手感振动微弱，如果振动大就不好。冰箱启动20~30分钟箱内温度下降到一定程度，压缩机即自动停止工作，过一段时间温度回升，又自动开启，说明压缩机工作正常。用手触摸散热器有一定温度，说明制冷系统工作正常。打开箱门用手摸冰箱内壁的蒸发器，应有明显的冷感。经压缩机工作一段后，用手摸一下压缩机和冷凝器的管路接口处有无渗漏油迹现象。

（4）听声音。冰箱接通电源后，一般可听到冰箱压缩机内电机转动声和制冷剂循环流动声，均属正常，但电机转动声不宜太大或忽大忽小，即在冰箱附近可听到微微的嗡嗡声，且响声平稳。

二、电冰箱的使用和保养

（1）冰箱在搬运、放置过程中倾斜角不要超过45°。应放置在远离热源、避免阳光直射、通风较好、较干燥的地方。适当调整底角螺钉或衬垫，使冰箱保持水平，使其噪声最低。

（2）电冰箱应用专用三孔插座，单独接线。没有接地装置的用户，应加装接地线。设置接地线时，不能用自来水和煤气管道做接地线，更不能接到电话线和避雷针上。

（3）冰箱电源插头不得随意拔插。当电冰箱内温度降到一定值，温控器就会自动切断电源。这时，制冷剂的压力已很低，相对电动机的负载压缩机来说是较小的，电动机容易正常启动。如果强制切断电源，在制冷剂有相当高的压力的情况下又立刻接通电源，高压力造成电动机负载过大，启动电流较大，约是正常值的 20~30 倍，很容易烧毁电动机。因此，不可随意拔插电冰箱电源插头。当必须切断电源时，也应当在断电后 3min 再重新接上电源，而不能断电后又立刻通电。

（4）冰箱应该经常清洗，新购置的在使用一段时间后就应进行内部清洗，否则会给食物带来不良影响。应清扫压缩机、冷凝器，以保证良好的换热效果以及节能效果。清洗时应取下电源插头，用温水清洗或用少许洗涤剂洗后用清水擦净。应经常保持冷藏室冷凝水排出口的通畅。

（5）冰箱内严禁存放易燃、易爆、强酸、强碱类物品。食物温度高于室温时应先冷却到室温再放进去，食物宜用塑料袋包好或盖好，以防水分散失、结霜；在冷冻室一次放入新鲜食品，不要超过规定的数量，并可在冷藏室融化冷冻食物。

（6）冰箱除臭的小窍门：

1）橘子皮除味：取新鲜橘子 1 斤，吃完橘子后，把橘皮洗净揩干，分散放入冰箱内，可除去异味。

2）柠檬除味：将柠檬切成小片，放置在冰箱的各层，可除去异味。

3）茶叶除味：把一两花茶装在纱布袋中，放入冰箱，可除去异味。1 个月后，将茶叶取出放在阳光下曝晒，可反复使用多次，效果很好。

4）食醋除味：将一些食醋倒入敞口玻璃瓶中，置入冰箱内，除臭效果亦很好。

5）小苏打除味：取 1 斤小苏打（碳酸氢钠）分装在两个广口玻璃瓶内（打开瓶盖），放置在冰箱的上下层，异味能除。

6）黄酒除味：用黄酒 1 碗，放置在冰箱的上下层（防止流出），一般 3 天就可除净异味。

7）木炭除味：把适量木炭碾碎，装在小布袋中，置于冰箱内，除味效果甚佳。

（7）冰箱除霜的小窍门

不是自动除霜的冰箱，要定期除霜，这可保持良好的制冷效果、达到省电的目的。

1) 塑料薄膜除霜：按冷冻室的尺寸剪一块塑料薄膜（稍厚一点的），贴在冷冻室内壁上，贴时不必涂粘粘合剂，冰箱内的水汽即可将塑料膜粘住。须除霜时，将食物取出，把塑料膜揭下来轻轻抖动，冰霜即可脱落。然后重新粘贴，继续使用。

2) 冰箱快速化霜：电冰箱每次化霜时间较长。若打开电冰箱冷冻室的小门，用电吹风向里面吹热风，则可缩短化霜时间。

（8）电冰箱的寿命：

电冰箱是高档耐用品，使用寿命是一项重要指标。所以在设计时，从结构、选材、制造工艺等项，都对寿命做了周密的考虑。从我国近20年发展形势及经济条件和生活水平出发，对于国产电冰箱的设计寿命，应不低于15年。国外电冰箱，由于新款式、新品种不断更新换代，在设计上，往往采用较短的使用期限。

第三节　空调机的选购和使用

一、空调机的选购要点

选购空调时应根据实际需要，从品牌、质量、服务、价格各方面考虑，这样才能买到称心如意的空调。

1. 确定空调的类型

空调一般分为窗式、分体壁挂式、分体立柜式等，消费者应根据家庭实际情况和承受能力来选购。不同类型空调的优缺点见表5-3。从功能上空调又有单冷型和冷暖两用型两类。单冷型适合于华南与华北地区夏天较热而冬季较暖，冷暖型适用于夏季炎热冬季寒冷且无供暖或供暖不足地区。

空调的类型及特点　　　　　　表5-3

空调种类	优 点	缺 点	适用的居室条件
壁挂式	1. 不占用居室使用面积 2. 适用范围广 3. 操作简便 4. 容易与室内装修搭配	1. 由于挂在高处，清洁维修不太方便 2. 固定的安装方式不易于变动摆放位置	中等面积的卧室、书房、客厅等（10～25m^2）
立柜式	1. 外形美观气派 2. 清洁维修方便 3. 便于移动 4. 功率大、风力强劲	1. 占用一定的居室面积和空间 2. 由于要与室外机连接，摆放位置仍受限制	面积较大的居室（25～45m^2）
嵌入式	1. 整体安装效果整齐美观 2. 集中控制 3. 终端操作简单 4. 制冷制热功率强劲，不占用地面空间	1. 工程复杂 2. 一次性投入大	房间多、面积大、尚待装修的居室
窗式	1. 初投资非常低 2. 安装快速简单	1. 噪声大 2. 容量范围小 3. 温度波动大 4. 不够美观	与壁挂式空调类似

另外还有一拖二型、一拖三型：两台或三台室内机公用一台室外机。室外机内只有一台压缩机，特点是节能省电。

2. 选择合适制冷量的空调机

说到空调，最常见的参数就是"匹"。匹到底何解呢？准确地说，1匹的含义就是制冷（热）量为2 500W/h。制冷量是空调器的主要规格指标，反映了空调器制冷系统单位时间的制冷能力。制冷量越大，制冷效果就越好。但空调是一种比较费电的产品，如果一味追求高速制冷，小房间买大空调，就会造成不必要的浪费。一般可按下面公式计算房间所需的制冷量、制热量：

制冷量 = 房间面积 × （125~215W）

制热量 = 房间面积 × （200~280W）

在正常情况下，每平方米制冷量140W较为合适，具体情况应根据房间高度、朝向、房间保暖性、居住人数等因素决定。在朝阳、人口多、房间高度大、外墙较多的房间应适量增加空调的功率。可参阅表5-4。

空调容量与房间面积配合参考　　　　表5-4

空调制冷/热量	适用房间面积	对应匹数	空调制冷/热量	适用房间面积	对应匹数
2 200W	10~15m^2	1匹	3 300W	15~25m^2	1.5匹
2 500W	12~20m^2	1.25匹	4 200W	23~32m^2	2匹
2 800W	13~23m^2	1.25匹	4 500W	23~35m^2	2匹
3 000W	14~24m^2	1.5匹	5 000W	25~37m^2	2.5匹
3 200W	14~25m^2	1.5匹	6 100W	34~55m^2	3匹

3. 正确选择节能空调

空调一直以来是家电中的耗电大户。针对空调的耗电情况，国家强制实行了空调的能效标识。凡是能效标识低于2.6（能效一共分5级：1级3.4，2级3.2，3级3.0，4级2.8，5级2.6）的空调，将不能再在市场上销售。能效比越高的空调，其节电的效果也越好。据测算，以1.5匹的挂机为例，平均每天使用5h，如果电价为0.61元/度，1级能效的空调每年可以比5级能效的空调节省电费500元左右。高能效空调虽然节电性能好，不过售价也很高,所以不必过分追求。您可根据自己每年使用空调的时间,来选择不同能效比的空调。如果您家每年使用空调的时间较长,应考虑购买能效比较高的空调,反之则考虑购买中等能效比的空调更合算。

4. 空调的健康功能

关于健康空调的健康功能宣传五花八门,让消费者无从选择,比如:"光触媒杀菌、氧吧负离子、银离子杀菌、负氧空调、钛金除甲醛"等。健康空调的确存在着一定效果,但是效果究竟如何,当前无法确定,而且国家没有强制性标准;因此消费者应根据自己的经济能力,进行理性选择。空调是在一个封闭的环境中使用,其空气质量肯定不如新鲜空气好,所以健康空调肯定是未来空调发展的一大趋势。据了解,当前我国相关部门正在起草《家用和类似用途电器杀菌消毒通则》,这是针对健康型家电的一个规则。

5. 品牌选择

国产空调器现在已与国际接轨,质量不相上下。没有必要去追求进口原装机,合资品牌机本来就是在国内生产的,当然,品牌相关到产品的质量、价格、售后服务、生产规模、厂家的经济实力等各方面因素。空调机的知名品牌有格力、海尔、海信、春兰、科龙、志高、TCL、美的、三星、华宝、长虹、格兰仕、LG、松下、三菱等。

6. 一般质量外观检查

目测空调各部件加工是否精细,塑料件表面要平整光滑、色泽均匀;电镀件表面应光滑,不得有剥落、露底、划伤等缺陷;喷涂件表面不应有气泡、划痕、漏涂、底漆层外露、凹凸不平等。各部件的安装应牢固可靠,管路与部件之间不能互相摩擦、碰撞。

检查遥控器、说明书等各种附件是否完整。

二、空调的使用和保养

(1) 详细阅读空调器使用说明书,熟悉并正确使用空调的各项功能。

（2）空调器应该使用专用的电源插座，请勿将电源连接到中间插座上，禁止使用加长线或与其他电器共用，否则有可能引起触电、过热甚至火灾事故。另外，应按照说明书介绍的方法正确开关机，勿采用插入或拔出电源线的方法来启动或停止空调机的运转。

（3）开机时，设置高冷高热以最快速度达到控温目的，温度适宜时，改中、低风，减少能耗，降低噪声；不能频繁启动压缩机，停机后应隔两至三分钟再开机，否则易导致压缩机超载而烧毁。空调长时间不用时要切断电源，避免空调长期待机，消耗电能。

（4）室内外换气时可采用恒温换气机，减少冷量损失，间接减少空调机启动时间。室外空调机安装时选择适宜出风角度，勿挡住其出风口，否则也会降低冷暖效果，浪费电力。

（5）正确调节空调器的设定温度。在调节空调器的设定温度时，应根据自身对冷热的感觉、空间内的人数、空间大小等实际情况设定温度。尽量避免将空调器的设定温度调的太低。通常人体舒适的温度是 26~27℃。温度设置太低，除会使人感觉到冷，容易感冒外，还由于室内、外温差较大，致使压缩机频繁的开机和停机，缩短了空调器的使用寿命。有效使用定时器，睡眠及外出时，请利用定时器，使其仅在必要的时间内运转。

（6）少开门窗，频繁地开闭门窗，会使冷暖效果降低。善于利用风向调节，冷气流比空气重，易下沉，暖流则相反，所以制冷时出风口向上，制热时则向下，调温效率大大提高。

（7）空调的安装：空调在家电产品中比较特殊，消费者买的空调，不是仅有室内机、室外机以及连接管线在内的设备，更重要的是包括了安装与调试的全套服务，因此空调买回家才算半成品，要保证空调的使用效果，安装也非常重要。比如有些家庭为了能适合家具的摆放，过度延长连接管，结果影响制冷效果。还有些厂商以低劣材质的室外机支架来充数，用以次充好节省下来的"成本"来弥补销售时的"促销让利"。为此我国于2006年5月1日正式实行了《房间空调器安装质量检验规范》。

（8）清洗空调机：定期请专业人员清洗室内机的过滤网和室外机的冷凝器、补充冷媒，使空调器保持在较好的工作状态。清洗空调既有利于节能、缩短降温时间和延长空调机使用寿命，还有利于用户身体健康。空调机每年清洗2~3次最佳。通常空调开机前清洗一次，空调开机中间时段清洗一次，空调关机时清洗一次。

第四节　洗衣机的选购和使用

一、洗衣机的选购要点

1. 洗衣机的知名品牌

农村消费者在选购家电时对家电产品品牌认知度普遍不高，加上有些不法企业有意混淆，像"小天鹅"与"黑天鹅"、"小鸭"与"小鸭子"等名牌与杂牌之间仅一字之差。洗衣机的知名品牌有：西门子、海尔、小鸭、小天鹅、LG、松下、荣事达、LG、惠而浦、三星、三洋、日立等。

2. 选择合适类型的洗衣机

目前市场上销售的洗衣机，按洗涤方式区分主要有滚筒式、波轮式两大类，而波轮式洗衣机又分为单筒、双筒和套筒洗衣机；按自动程度又分为半自动和全自动。他们原理不同，其耗水量、用电量、磨损率各有优劣，消费者可根据自身情况选择。几种不同类型洗衣机的特点，归纳为表5-5，以供选购时参考。

洗衣机的类型及特点　　　　　　表 5-5

类型	优点	缺点	评价
双筒波轮	省水，洗衣时间短，噪声小，洗净率高，自重小，易搬动	衣物易打结，洗衣液不匀，洗甩容量小，对衣物的磨损率高	洗涤棉布衣物为主；价格低
单筒波轮	洗衣时间短，安静，洗甩容量大，洗净率高，自重较小	衣物易打结，洗衣液不匀，费水，对衣物的磨损率高	洗涤棉布衣物为主；价格中等
滚筒式	模拟手搓，洗净度均匀、磨损率低，衣服不易缠绕	耗时，一旦关上门洗衣过程中无法打开，洁净力不强，往往需要通过加热、延长洗涤时间等各种方法提高洗净力。噪声大，自重大	耗电量最大，但其耗水量最小。适合洗涤毛料、丝绸等高档衣物；价格高

现在国内市场上销售的双缸洗衣机是由一个洗涤缸和一个脱水缸组成，洗涤，脱水可以分别进行，但洗衣时，进水，排水都得靠手动完成，这种洗衣机洗净度高，耗电量小，洗涤和脱水时间可任意选择，洗涤时间一般可以从 0~15min 内任意选择，脱水时间一般可以从 0~5min 之间任意选择，脱水结束，有蜂鸣提示，并有二挡或三挡的水流选择，洗涤范围广。比较适合无自来水的情况下使用。从洗衣容量上分有 2~6kg 不等，大容量适合洗床单，毛毯之类的大件。

全自动洗衣机是集洗涤、脱水于一体，并且能自动完成洗衣全过程的洗衣机，能自动处理脱水不平衡（具有各种故障和高低电压自动保护功能），工作结束或电源故障会自动断电，无需看管。目前，有的全自动洗衣机上还采用了模糊技术，即洗衣机能对传感器提供的信息进行逻辑推理，自动判别衣服质地、重量、脏污程度，从而自动选择最佳的洗涤时间、进水量、漂洗次数、脱水时间，并显示洗涤剂的用量，达到了整个洗涤过程自动化，节能节水。

目前波轮式洗衣机的容量为 2~6kg，滚筒式 3~5kg，一般家庭可选择 4~5kg 左右，为了洗衣效果较为理想，实际投入的洗衣量只能按额定容量的 50% 投入，因此要适当考虑容量，尤其是波轮式洗衣机，一次洗衣量不宜过多，水量必须漫过衣服，否则对衣服磨损大，且洗净均匀性更差。

3. 购买洗衣机时的质量检查

（1）外观检查洗衣机外壳应平整、光滑、涂层均匀，光亮无脱落和划痕现象，面板上的各种按钮，开关应操作灵活，接触可靠。拨动波轮运转自如无杂音，波轮与底部轮槽之间的四周间隙应均匀，且不超过 2mm，洗衣机的检验合格证、使用说明书和随机零配件（进排水管等）应齐全。

（2）洗衣桶是洗衣机的一个重要部件，（无论是波轮式还是滚筒式）要选择以优质不锈钢材质的洗衣桶，即耐腐蚀，对衣物又无损伤。用手摸洗衣机内筒要光滑无毛刺凸起的，内筒外表必须是无棱角的圆弧形，这样才不会对衣物造成磨损、钩丝。

（3）通电检查。接通电源，选择开关动作及指示灯工作是否正常，挑选一个试机功能，看机器运转是否正常，看洗涤和脱水功能，是否有较大的噪声和振动，有无杂音，脱水时，打开桶盖，应能及时切断电源并立即制动。同时检查排水是否通畅，一般要求一桶水在 2~3min 内排净。

二、洗衣机的使用和保养

（1）洗衣机不能洗别的东西。洗衣机毕竟是来洗衣物的，有些农民朋友用洗衣机洗土豆和地瓜，甚至还用来搅拌豆浆和奶酪。清洗土豆之类的东西，会使泥沙堵塞和磨损机器，同时洗衣机大都是塑料制品，时间长了有些食品可能会腐蚀桶壁，也可能会对食品本身带来安全影响。所以最好别做它用。

（2）洗涤前取出口袋中的硬币、杂物，有金属纽扣的衣服应将金属纽扣扣上，并翻转衣服，使金属纽扣不外露，以防在洗涤过程中金属等硬物损坏洗衣桶及波轮。

（3）一次洗衣量不得超过洗衣机的规定量，水量不得低于下线标记，以免电动机因负荷过重而发生过热，造成绝缘老化影响寿命。

（4）洗涤水的温度不宜过高，一般以40℃为宜，最高也不应超过60℃（滚筒高温消毒洗衣机除外）。

（5）在脱水的时候，若用户不注意，把衣服随意放入筒内，那么启动脱水时，容易出现击桶、振动现象，解决的办法就是再打开桶盖，把衣服尽量放置均匀，并压扁。

（6）洗的时候，衣服上的布、毛、丝、线等碎屑很容易在排水的时候，排到阀里面去，使用久了会越积越多，容易造成阀排水后不能正常关闭。解决办法就是按照洗衣机使用说明书要求，打开相应盖板，正确及时清理掉杂物。

（7）每次洗衣结束后，要排净污水，用清水清洗洗衣机桶；用干布擦干洗衣机内外的水滴和积水；将操作板上的各处旋钮、按键恢复原位；排水开关指示在关闭位置，然后放置于干燥通风处。

（8）刷洗洗衣机时勿用强碱、汽油、稀料和硬毛刷，清理过滤网、排水管时勿用坚硬器具。

（9）有的洗衣机的波轮主轴套上设有注油孔，每隔二、三个月可用油壶向油孔加注几滴机油。

第五节　家用电脑的选购和使用

一、家用电脑的选购原则

随着计算机知识的不断普及和计算机应用领域的不断延伸，

越来越多的电脑已经或是即将摆到寻常百姓的书桌上，相信不久的将来，家用电脑会像电视机一样成为每个家庭不可缺少的一员。那么，如何才能选择一台称心如意的电脑呢？根据经验大致可以总结为以下几个方面：满足需求、配置、价格与服务、家庭应用、网络应用、易用性。

1. 满足需求、实用够用

买电脑前首选应明确需要，对大多数家庭而言，为支持孩子上学是目前家庭买电脑的主要因素。但同时考虑的其他因素也很多，比如打字、上网、玩游戏、听音乐或看影视等。明确了自己的需要，您才能有针对性地选择不同档次的电脑。

所谓够用的原则，具体说就是在满足您的使用的同时精打细算，节约每一分钱。您购买电脑可以满足您的需求就可以了，不要花大价钱去选那些配置高档、功能强大的机器，这些机型的一些功能也许对您来说根本没有用。多数家庭应用，三四千元左右的机器足以应对。

2. 不必追求一步到位

要知道，计算机技术日新月异、一日千里的飞速发展，电脑贬值特别快，买电脑不要追求一步到位。一些用户买电脑总想要最先进的、最高档的，且不知今天的先进技术出不了一年半载也成了落后的技术。如果单从价格上讲，买电脑永远是后悔的。今天四五千元的电脑，几年以前要一两万元，这不奇怪。满足当前急需，是最重要的投资。

3. 考虑使用对象

电脑买回家后,谁用得最多,也就是主要为谁购买的电脑。是为了孩子学习,还是为了老人上网解闷,或是你的工作需要。针对不同的使用者,你可以选购不同的电脑。因为电脑厂商针对不同的消费者进行了市场细分,有针对老年人推出的电脑,操作简单,系统稳定;有针对儿童推出的电脑,卡通的外形设计,捆绑各类学习软件;有普通百姓的电脑,价格适中,功能齐全等。

4. 把握购买时机

购置电脑的时机很重要,如果时间掌握的好,可以省下不少钱或者用同样的价格买到更高性能的机器。一条规律是,当一种新的主流配件推出时,会带动电脑配件的降价,从而电脑整机也会降价。一般来说每年的暑假是全年购机的最佳时间,每年暑假是电脑的销售高潮,这时候各大厂家都会推出各种各样的优惠、促销、让利活动,这个时候的家用电脑价格是全年里面最低的,而且能够享受到的优惠也是最多的。

5. 注重品牌

选择知名品牌的产品,尽管价格上略贵一些,但是无论是产品的技术、品质性能还是售后服务都是有保证的。一分钱一分货,一些杂牌产品为了降低产品的成本,往往使用劣质配件,影响机器的可靠性和稳定性,同时售后服务更是难以保障。

家用电脑的知名品牌众多,如联想、浪潮、长城、方正、清华同方、七喜、海信、海尔、IBM、HP、DELL、SONY、神州、LG、三星等,难以一一列举。

6. 组装电脑与品牌电脑

组装电脑是指那些活跃在全国各大电脑配套市场里的众多装机商,根据顾客要求为其组装或自己购买散件组装的电脑,具有灵活多变,满足个人需求的特点,以价格低廉为优势。自己组装或者委托电脑配套市场的装机商组装,均要求您具备必要的计算机尤其是计算机硬件方面的知识。

品牌电脑的制造是通过一系列严密的制作工序而最终生产为成品的,品牌电脑的生产厂家都有很强的技术实力,而且为客户预装正版操作系统。电脑的整体兼容性和稳定性都很高,而且在售后服务方面具有无可比拟的优势。但不够灵活,硬件不能自己选取,无法满足追求个性用户的选购需求。

如果你年纪已大或者是准备给父母选购,并且只想满足用电脑来打字、制表、看影碟、上网聊天等,并且不会考虑日后会升级。那么,建议您购买品牌电脑。因为品牌机越来越家电化的设计,越来越简单的操作方法一定会满足您的需求。

如果你准备给自己的孩子购买,可以考虑购买组装电脑,既可以获得更高的性价比,又可实现个性化配置。随着你孩子电脑知识的增加,往往会提出电脑升级的要求。

二、家用电脑的使用和保养

(1) 电脑安放时不宜靠近音箱等强磁性器材。否则将受到磁性的吸引或排斥,从而造成屏幕上的色彩失真。电脑也不宜靠近电冰箱,开启冰箱门时会有大量潮湿的冷凝气泄出,并沿着电脑显示器的散热孔以及电源风扇侵入显示器或主机箱内,而显示器高压部分以及主机箱 CPU 部位工作温度又较高,与冷凝气相遇时,会在显示器高压包以及 CPU 散热片上凝结成水雾,引发显示器打火现象,极易损坏元器件。电脑运行时应避免振动,以免损坏器件。

(2) 平时遇到异常情况要打电话咨询技术人员,不要自作主张乱操作,以免损坏电脑软硬件。不要乱删乱动自己不知用途的文件或文件夹,不太懂时不要使用有破坏作用的工具或命令,如分区(FDISK)、格式化(FORMAT)、低格(LFORMAT)、克隆(GHOST)等。

(3) 不要随便关机或重新启动,遇死机时应先按住 Ctrl 和

Alt 不动，再点两三下 Del 键热启，实在不行了再按机箱上的 Reset 键。

（4）如果经常安装软件或上网，应自备正版杀毒软件和安全防火墙软件并按时升级，以免受到病毒或黑客攻击。病毒对电脑的危害是众所周知的，轻则影响机器速度，重则破坏文件或造成死机。为方便随时对电脑进行保养和维护，必须准备工具如干净的 DOS 启动盘或 Windows XP 启动盘，以及杀病毒和磁盘工具软件等，以应付系统感染病毒或硬盘不能启动等情况。此外还应准备各种配件的驱动程序，如光驱、声卡、显示卡、MODEM 等。软驱和光驱的清洗盘及其清洗液等也应常备。收到生人发来的电子邮件不要随便打开，最好直接删除，其中大多为广告，有时有病毒或黑客程序。见到小程序不要出于好奇心下载或双击运行，很多是恶意的。

（5）要及时清除自己没用的程序、文件及游戏，并在适当的时候清空回收站。

（6）要定期维护硬盘。方法是对硬盘点右键、点属性、点清理磁盘进行清理，然后点工具标签，点磁盘扫描进行查错，最后点碎片整理进行整理（需提前关闭屏幕保护和一些自动运行的程序，方法是在桌面上点右键、点属性、点屏幕保护、点屏幕保护列表的小三角、选中后确定，常驻程序的关闭方法是右键点屏幕右下角的相关图标选关闭或 EXIT）。这些维护根据电脑使用的经常与否大约一个月进行一次，约三个月要进行一次全面的磁盘扫描（在扫描时把标准换成全面），如出现处理不了的异常情况请打电话咨询。

（7）对于电脑内存有重要数据的单位和个人，除了注意软件的维护保护外，还应备有 UPS，以防停电损坏电脑软硬件，处在市电不正常的地区应特别注意。

（8）要经常给电脑除尘。电脑使用一段时间后，显示平面、显示器内部以及主机箱内会积聚尘埃，会引起潜在故障增多，降低正常使用寿命。

1）显示器上的尘埃可以用柔软干净的棉布轻轻擦去。若显示器上沾有污垢，可将棉布稍稍沾湿后擦拭。擦拭时，不可用力过猛，更不可用刀片、硬物擦、刮。

2）显示器以及主机箱内的尘埃，在关掉电状态下，将显示器后盖或机箱打开，借助清洁球、打气筒或吸尘器等将尘埃除去。对于滞留时间长，堆积较厚的尘垢，辅以毛刷或排笔轻轻刷去。

第六节　家庭影院的选购和使用

一、家庭影院的选购要点

1. 家庭影院的配置

家庭影院是指由环绕声放大器（或环绕声解码器与多通道声频功率放大器组合）、多个（4个以上）扬声器系统、大屏幕电视（或投影电视）及高质量 A/V 节目源（如 LD、DVD、Hi-Fi 录像机等）构成的具有环绕声影院视听效果的视听系统。

实际上，家庭影院就是利用普通家庭的居室环境营造出具有专业影院水准的高质量视听效果的家庭视听环境。在国外家庭影院的定位是指高档影音系统，只不过到了国内只要有彩电、DVD、音响，我们也称为家庭影院。一套家庭影院需要影视信号源、AV 功率放大器、大屏幕彩色电视机和全套音响等器材设备。它是一个完整的视听效果相结合的系统。

配置一套称心如意的家庭影院，最重要的是根据自己的实际需要和承受能力进行搭配。相对而言，彩电和影碟机比较容易选择，而音响系统品牌较多，普通消费者在选购时有一定难度。我们在选购时可事先确定一个价格范围，再按图索骥，选配相对满意的家庭影院系统。

（1）低档家庭影院：低档搭配的家庭影院系统价格大约在 6 000 元至 10 000 元的价格范围左右，其中应有一台 29 英寸或 34 英寸的纯平彩电，音响系统可考虑采用惠威 Diva 系列、威莱 V28、V88 系列。

（2）中档家庭影院：中档搭配的家庭影院系统价格大约在 10 000 元至 30 000 元的价格范围左右，可考虑背投彩电，音响系统可采用先锋的 HTZ – 100D 系列、B&W 的 DM309 系列。

（3）高档家庭影院：高档搭配的家庭影院系统价格应在 30 000 元以上，可考虑大屏幕的等离子电视、液晶电视，音响系统可考虑采用 B&W 的 DM7NT、9NT 系列，BOSE 的 M – 10 卫星系列、惠威的豪座、T600F 系列。

2．DVD 选购要点

随着 DVD 硬件集成度的提高、生产规模的扩大以及机芯和解码板价格不断下调，DVD 机的价格从刚面世时的七、八千元高价降到现在的普及型数百元到一两千。

（1）注意品牌：DVD 播放机的品牌型号众多，按产地目前市场上的 DVD 播放机可以分为进口原装、合资组装、国产三类产品。进口品牌主要有先锋、飞利浦、松下、索尼、三星、东芝、JVC 等，国产品牌主要有新科、金正、万利达、德加拉、夏新、宏图、步步高等。业内人士认为，无论从纠错能力、外观设计、功能配置上进口品牌 DVD 要比国产 DVD 略胜一筹，但是，进口品牌的 DVD 价格与国产 DVD 同类产品相比要高 300 元至 800 元左右。

（2）选择档次：根据使用目的确定 DVD 播放机的档次。如果主要用于与电视机连接欣赏 DVD 电影，对音响效果没有过高的要求，那么可考虑在 800 元上下购买一部普及型 DVD 播放机；所购的 DVD 播放机除了用于一般性的收看大片之外，还要考虑今后添置家庭影院设备需要的视听爱好者，建议买一部 1 000～1 500 元的中档 DVD 播放机；如果是发烧友，家中已有发烧级的视听配套设备，对色彩、音响等效果追求完美和谐的统一，应选购 2 000 元以上的高档 DVD 播放机。

（3）关注功能：DVD 播放机的功能很多，不同档次的 DVD 播放机功能区别明显。在购买时应根据 DVD 播放机使用说明书中所介绍的功能逐一地加以核对，如 DVD 播放机背板上各种端子种类、数目是否齐全，检查后应要求销售人员进行现场连接演示。演示时应注意观察这些功能的完好性。

（4）看兼容能力：影碟机的兼容能力就是指其能播放多少种碟片的能力。目前影音市场上的激光碟片一般说来有 CD、LD、VCD、CVD、SVCD、DVCD、HDCD、CDR、CDRW 和 DVD 等。各种品牌和各种型号的 DVD 影碟机都是兼容 CD 的，也就是说都能播放 CD 唱片。然而，绝大多数 DVD 机则只能播放上述碟片中的几种。相比之下国产 DVD 影碟机的兼容能力明显要比进口机型强，甚至于要强得多，这是因为国产机型是从中国的实际情况研制和生产的，因而也就更受到广大消费者的欢迎。

（5）选全（零）区域机型：国际 DVD 联盟为了保护自身利益，将全球划分为 6 个区域，其中中国内地为第六区。DVD 影碟上加入识别代码，而在 DVD 影碟机中则加入区域代码识别机构。只有在 DVD 影碟机的区域代码识别机构和 DVD 影碟上的区域代码一致时才能播放，否则机器就拒绝工作。部分国产机型能够播放各区域影碟的全区域（或零区域）DVD 影碟机。选购这些"通吃"全球碟片的机型,就可以极大地丰富碟片的来源。

3. 功放选购

买功放的目的无非是两个,一个是将其作为电视机的陪衬,搭配装饰客厅,这种情况下一般选择价格在3 000元以下的产品。如果是音乐爱好者、发烧友,可以选择国际顶尖牌子如尊宝、博世等,价格通常在5 000元以上。值得注意的是,选购功放时,要对家庭环境和与功放相搭配的音响器材有一个全面的了解。看外形设计是否符合自己的审美要求,是否与家居环境的格调相吻合。房间里铺设地毯及窗帘能减少声音的反射,铺设木地板会使低音变得好听。很多功放机都有100W×2左右的功率,但应用于家庭中通常其音量只开1/5~1/4,开大了不仅耳朵不舒服,声音也可能失真。在一个几十平方米的家庭环境中,"黄金功率"30W左右的音响器材最为合适。

功放只是家庭影院系统中的一部分,它同其他设备间的档次要协调,好功放要配好音箱,好的节目源,这样才能达到较高的整体效果。比如,要想感受到杜比环绕声,不仅需要带有杜比环绕声解码器的功放,而且节目源即碟片也必须是经过杜比环绕声编码过的节目,这样才有环绕声的效果。功放与音箱配接在技术上还必须注意功率、功率储备量、阻抗和阻尼系数的匹配。要考虑听音室内安置几路音箱系统,最简单的功放仅有1~2路功率输出,配置最简单的双声道立体声系统即可;比较复杂的功放要配置4~6路功率输出。

对于拥有较多种类节目源的用户,比如同时拥有录像机、VCD视盘机、LD视盘机、CD播放机以及录音卡座,那么在选购时要选择输入端子多的功放产品,以便于多种节目源之间的切换。

在功放的电源供电上,应避免和其他大型家用电器如电冰箱、洗衣机、电风扇等共用同一插座,以免受到干扰。

4. 各个声道喇叭的选购

一般家庭影院都是DOLBYDIGITAL5.1、DTS5.1标准,要求较高可以选择6.1、7.1系统。

(1) 5.1 系统：AV 功放支持 5 个喇叭功率输出、1 声道超低音音频输出，需要喇叭主声道 2 个喇叭、中置声道 1 个喇叭、环绕声道 2 个喇叭。

(2) 6.1 系统：AV 功放支持 6 个喇叭功率输出、1 声道超低音音频输出，需要喇叭主声道 2 个喇叭、中置声道 1 个喇叭、侧环绕声道 2 个喇叭、后环绕 1 个喇叭。

(3) 7.1 系统：AV 功放支持 7 个喇叭功率输出、1 声道超低音音频输出，需要喇叭主声道 2 个喇叭、中置声道 1 个喇叭、侧环绕声道 2 个喇叭、后环绕 2 个喇叭（等于后墙附近 4 个音箱、电视墙侧 3 个音箱）。

至于显示器的选配可参看本章第一节电视机的选购。

二、家庭影院的使用和保养

(1) 家庭影院对房间的要求比专业视听室简单得多，原则上不要求做什么声学处理，就是一般的起居室（$10m^2$ 以上），只要墙壁顶棚不要有强烈的声反射就行。因为家庭影院的声学效果不是靠房间墙壁的反射声，而是靠用电子方法模拟出来的各种环绕声产生临场感的。所以只要房间没有声干扰就行了。

(2) 但为使视听室整齐美观，将来安装方便，在装修时预埋管线是非常必要的。在信号线的选择上，要选择专门的音箱信号线。目前市场上家庭影院使用的信号线多以无氧铜为主，有些高档的信号线则采用镀银或纯银制作，以利于声音细节表现。在线路预埋时，要用 PVC 管包好，并与空调、冰箱、电话的线路分开，单独走线，以免互相影响。

(3) 音箱的摆放：每只音箱都有自己的恰当"占位"。

1) 中置音箱一般放置在电视屏幕的正上方或正下方。但由于音箱和电视机之间存在磁场干扰和相互振动，所以最好把中置音箱摆放在略高于电视屏幕的单独支架上，但位置也不宜过高。

2) 左、右主音箱需要对称分布在中置音箱两旁，与中置音箱的前后占位最好以听音者的位置为中心呈圆弧形。它们的水平放置高度以主音箱中高音单元的中轴线在中置音箱上下 30cm 的位置为宜。

3）环绕音箱主要是用于制造音场的扩散性和广度，因此以安置在欣赏者坐下时头顶位置高出 50cm 处为宜。

4）低音指向性很弱，因此对低音单元的摆放位置一般没有硬性要求。如果不是专业发烧友的话，低音单元的位置只要不碍事即可。

（4）音箱大音量播放时产生的共振可以通过脚架和刺破地毯的脚钉传导到地面来解决，此外还可以在脚架中填充硅铁砂或聚酯树脂粒来减小共振。而且不要在音响设备上（或附近）放置饰物或其他东西，因为在重放大片等大动态节目时，这些饰物便会微微震颤，甚至会随着音乐的某些频段嗡嗡作响。

（5）家庭影院设备应放置在干燥、通风的地方。一定不要把设备放置在日光能直接照射到的位置、散热器的旁边或空调附近，否则会造成音箱箱体变形和电气元件老化。最好不要放置在散热不好的密闭音响柜中使用。特别应注意，勿将 AV 功放的通风孔和散热窗口堵塞住，以防功放积聚热量后因过热而损坏。

（6）家庭影院器材要定期除尘清洁，可以用吸尘器小心吸尘，但切不可对扬声器前面的振膜部位吸尘。禁止用湿布擦拭，否则易在产品表面留下水纹，使音箱起皮。同时毛巾上的水易渗入机箱中，造成电器故障。禁止用结块的干布擦拭，因为用结块的干布擦拭，易使亚克力、钢琴漆等刮伤。

第七节 微波炉、电饭煲的选购和使用

一、微波炉、电饭煲的选购要点

1. 微波炉的选购要点

（1）尽量选购知名品牌的微波炉

微波炉最大的特点是热效率高，省时节能，清洁卫生，使用

方便。有条件的农民家庭选择微波炉的越来越多,选购时尽量选知名品牌,比如有格兰仕、海尔、美的、致远、东菱、荣事达、澳柯玛、凯尔、迈可威、高朗、鸿智、苏泊尔、皇冠、松下等。

(2)选择类型适合的微波炉

就现阶段普通家庭的生活水平而言,选择 1 000W 左右的普通转盘式微波炉,不论从价格、容量、供电等诸方面考虑都比较适宜。选购时一般要带有烧烤功能,档次上的区别主要是在控制系统上。机械式控制系统结构简单,安全可靠,价格低廉,适用于普通家庭。电脑控制系统功能齐全,豪华美观,适用于经济收入较高的家庭。

(3)购买时的质量外观检查

检查产品表面涂层、漆层或镀层有无机械碰伤或擦伤,各部件无裂缝、损伤。面板色泽均匀,图案、字符清楚。

门开关应平滑,炉门与炉腔配合严密,炉门里面的涤纶条粘贴应牢固,开关炉门应自如,并有明显的"咔"声。

玻璃转盘、烧烤架要齐全。玻璃转盘应无气泡、裂纹、崩边等现象。烧烤架结构牢固,无歪斜变形、无锈蚀等。

(4)购买时电气性能检查

插上电源,打开炉门,旋转定时器,炉内灯亮,但无任何声响,如果是电脑控制型,一插上电源,显示窗应显示"88:88",表示时钟电路开始工作。

把200ml（毫升）的一杯水放在炉内转盘上，关好炉门，调节好功率大小，旋转定时器，炉内灯亮，并有明显的风声和定时器的工作声；如果是电脑控制型，显示窗应显示相应的时间和代号。

把手放在炉两侧或上面的排风口处，应感到有明显的风吹出。否则说明微波炉有故障。

通过玻璃窗可以看到玻璃转盘在旋转。

听到铃声后，说明时间到了，微波炉应停止工作，灯应灭。观察定时器是否准确，定时器是否复位回零。

打开炉门，取出水杯，水的温度应有明显升高。温度升高多少与环境温度、水量多少、功率设定等诸多因素有关。

2. 电饭煲的购买要点

（1）市场上电饭煲的知名品牌有格兰仕、老板、灿坤、伊莱克斯、天际、爱仕达、艾美特、三洋、美的、容声、尚朋堂、松下、鸿智、苏泊尔等。当然国产的会更实惠一些。

（2）选择合适类型的电饭煲。电饭煲有两种：一种是保温式自动电饭煲，当饭煮熟时即自动保温；另一种是定时式自动电饭煲，按用膳时间自动控制烧饭。

（3）购买时的质量外观检查。从不同的角度观察是否有划伤、变形等，各零部件的接合处是否光滑、整齐；电饭煲的内胆表面采用特殊耐用的不粘材料涂层，看不粘锅涂层是否均匀；为了确保无水滴到米饭上，现在设计出的电饭煲有水滴收集器；注意电饭煲的密封微压结构，密封微压性能好的电饭煲不仅做出来的米饭好吃，同时节电、保温。

（4）电饭煲的性能检查。先用手上下触动几次功能选择按钮，感觉一下磁钢吸合是否顺畅，按下去，拔上来时有无

清脆的"嗒"声；最后接上电源，用手触动功能选择按钮，看其各指示灯是否发亮，用手摸发热盘，感受其是否发热。

（5）消费者除了要注意上述的质量细节外，还要了解清楚产品的说明书、合格证、保修卡是否齐全。

二、微波炉、电饭煲的使用和保养

1. 微波炉的使用和保养

（1）微波炉最好放置在固定的、平稳的台子上使用，并且要求在微波炉的上、后、左、右留有10cm以上的通风空间。否则，微波炉将不能保证正常的工作。微波炉放置的位置，应该选择在干燥通风的地方，应避免放在有热气、水蒸气和自来水可进入或溅入微波炉里面去的地方，以免导致微波炉内电器元件的故障。还应尽可能地不要太靠近电视机、录像机和收音机等家电，以免微波炉工作时产生的噪声会影响到视听效果。由于微波炉的功率较大，所以在放置微波炉附近的地方要有一个接地良好的三眼插座，最好这一路线是微波炉专用线，这样可以保证微波炉使用的绝对安全。

（2）用微波炉烹饪时要注意炉门应轻开轻关，千万不要用重物敲击炉门，炉门的损伤和变形将可能引起微波泄漏。

（3）微波炉烹饪用器皿不能用金属和搪瓷制品，因为金属对微波有反射作用。它不仅导致微波炉加热效率降低，加热均匀性差，还会使微波与金属接触产生火花，发生危险，严重时还会损坏磁控管。

（4）烹饪时应掌握好时间，不要一次将烹饪时间设得太长，以免引起食品过热、热焦或起火。万一起火请勿打开炉门，只要将定时器回调到零或拔掉电源插头，火就会自动熄灭。

（5）带盖的密封容器放入炉内加热时，要拧开盖子。否则容器内的空气会因加热后体积膨胀而产生爆裂，严重时可能产生爆炸。所以带硬质外壳的食品，如生鸡蛋等不要放入微波炉内加热。当加热用塑料袋密封的食品时，请剪去一角作为出气孔。

（6）从微波炉内取出加热食品时，小心烫手。虽然微波对容器不会加热，但加热的食品的热会传递到容器上去。

（7）微波炉在没有放入食品之前，请不要启动微波炉，以免空载运行时损坏磁控管。

（8）微波炉工作时，家长应提醒儿童，不要将眼睛靠近微波炉5cm之内去观看微波炉工作。因为眼睛对微波最敏感，以免受到不必要的伤害。

（9）清洁微波炉时要将电源插头从电源插座上拔掉。日常使用后马上用湿擦布将炉门上、炉腔内和玻璃盘上的脏物擦掉，这时最容易擦干净。若日常没有即时清洁，多次使用后最好用容器将一些水加热成蒸汽，使炉内污垢软化，再用湿擦布擦就容易清洁了。若污垢严重时，也允许用中性洗涤剂或肥皂水擦洗，但不允许冲洗。禁止用香蕉水、汽油以及硬质的布或毛刷擦洗，这样会破坏漆层，导致炉腔生锈。不管微波炉在使用后，还是在清洁擦洗后，炉腔内都会有水蒸气或潮湿。因此，事后用干布擦干或稍开一些炉门使其通风干燥，有利于降低微波炉故障率和延长微波炉的使用寿命。

（10）微波炉若用久后，腔内会有异味，可用柠檬或食醋加水在炉内加热煮沸，异味即可消除。

2．电饭煲的使用和保养

（1）煲内米饭保温时间长了，上层会发生干硬，只要在烧煮前于米粒上铺一层干净的纱布，就可避免干皇。米饭在25～40℃范围内，宜细菌繁殖而变质。但电饭煲保温温度控制在65 ± 5℃，所以不会变质。但定时式电饭煲，夏天煲内生米存放时间过长会发出酸味。

（2）电饭煲内胆受碰后容易发生变形，内胆变形后底部与电热板就不能很好吻合，导致煮饭时受热不均，易煮夹生饭。内煲放入时应左右移动一下，使内煲放准，放平。不能用其他铝锅代替内煲使用，这不仅浪费用电，还会损坏电热板。

（3）清洗内胆前，可先将内胆用水浸泡一会，不要用坚硬的刷子去刷内胆。清洗后，要用布擦干净，底部不能带水放入壳内。外壳及发热盘切忌浸水，只能在切断电源后用湿布抹净。因此煮饭、炖肉时应有人看守，以防汤水等外溢流入电器内，损坏电器元件。

（4）用完电饭煲后，应立即把电源插头拔下，否则，自动保温仍在起作用，既浪费电，也容易烧坏元件。

（5）不宜煮酸、碱类食物，也不要放在有腐蚀性气体或潮湿的地方。

第八节　电动自行车的选购和使用

一、电动自行车的选购要点

近几年电动自行车成为广大城乡群众的首选交通工具。作为一种新型代步工具，电动自行车具有操作简单、舒适轻快、价格适中等优点，已越来越受到消费者的欢迎和喜爱，拥有广泛的大众市场。那么，怎样才能够买到一款质优、价廉、耐用的电动车，怎样才能买得放心，用得舒心呢？

1. 电动自行车的主要结构部件

电动自行车是具有一定技术含量的产品，由于其在使用过程中始终处于运动行驶状态，所以对其电机、电瓶、车架等动力和控制系统的稳定性、可靠性、安全性都有着较为严格的要求。电动自行车的核心部件，主要是电池、电机、充电器三大件。

蓄电池：电动自行车的蓄电池主要有银胶、铅酸、锂、镍氢等种类。其中，银胶蓄电池基本上已经退出市场，而铅酸蓄电池成为现在的主流，它较银胶蓄电池更耐用，平均寿命可达一年半，而且因为使用很普及，所以更换、修理也较方便，应注意铅酸蓄电池比较重（达十几公斤）。锂和镍氢蓄电池是电动车市场的新宠，它们的寿命更长，但价格也相应较高，比其他类蓄电池的车辆贵近千元。

电机：市面上几乎所有品牌的电动自行车采用的都是较为先进的有刷无齿或是无刷直流电机两类。无刷电机主要是低速大力矩电机，没有传动齿轮，避免了机械磨损，运行中几乎没有噪声，控制系统结构复杂。轮毂有刷电机采用先进技术，提高了电刷寿命，电机效率较高，控制系统电子线路简单，但工作电流较大，故两种类型电机各有优缺点。

充电器：国内不少厂家采用的是简便式充电器，这种充电器虽然充电比较简便，但容易造成充电不足或过量充电而损伤电池。现在已有厂家推出一种智能型充电器，只需接通电源，它会自动快速给电池充电，且电充满后会自动断电，不存在充电不足或过量充电等问题。

控制器：新型控制器以微电子技术为基础，为保护电池设置了欠压保护、最大电流限制等功能，同时具有静启动、电量提示、速度显示等功能。

2．电动自行车的选购要点

消费者应该从"品牌、服务、车型、配件质量、续行里程"这五个方面全面衡量和挑选电动车产品：

（1）选品牌：品牌是企业及产品实力的综合体现。目前，电动自行车品牌很多，消费者应该挑选经营时间长、返修率低、质量好、有信誉的品牌。比如，选购中国自行车协会公布的有信誉标志的品牌，如捷安特、邦德、富士达、绿源、英克莱、飞鸽、永久、新日、凤凰、大陆鸽、阿米尼等。只有设施完善、技术雄厚、管理严谨的电动车生产大厂才会有较强的技术力量从事电机、控制器、充电器及电池等关键部件的研制和生产。

（2）重服务：电动车是一种户外交通工具，各种气候交错，行驶路况复杂，有可能产生故障或意外损坏，能否提供及时周到的售后服务是对电动车生产企业实力的检验。由于目前各电动车部件尚未通用，维修还不能达到社会化，所以选购的电动自行车一定要注意是否在本地区有专门的维修服务部门，若图便宜而忽视售后服务，就很容易上当。消费者如果要消除后顾之忧，对"三无产品"的电动车应该避而远之。

（3）选车型：电动自行车一般可分为豪华型、普通型、前后避振型、轻便型四种。豪华型功能齐全，但价格高；普通型结构简练、经济实用；轻便型轻巧灵活，但行程短。消费者在选购时应注意这一点。

（4）查配件：电动自行车零部件的强度要求和性能要求应高于自行车。选购时，用户要看整车选用零件的质量，如：车架和前叉的焊接及表面是否有缺陷，所有零部件的制造是否优良，双支撑是否结实，轮胎是否选用名牌，紧固件是否防锈等。同一款式的电动车采用不同品牌的配件，价格相差悬殊，消费者在购买时不要被款式和价格左右，要搞清楚采用什么配件。

（5）考虑续行里程：电动自行车的续行里程一般由所配的蓄电池决定，24V10Ah 电池组一般行驶里程为 20～25km，36V12Ah 电池组一般行驶里程为 40～50km。在实际使用过程中，充足电到底能行驶多少公里？这与许多因素有关。与厂家有关的因素主要是电机的效率特性、蓄电池的容量和寿命特性。与其他客观情况有关的因素为：骑行者的体重、经常骑行的路面情况、是否需要经常使用刹车、骑车人的骑行习惯等。需要注意的另一个问题是：电池容量是会随着使用时间的增长逐步变小的；充足电后,可行驶的距离也会随之减少。

3. 购买时的质量检查

(1) 检查外观、看油漆、电镀件表面是否完好。

(2) 按说明书实际操作一遍,检查整车的工作状态。调速过渡应平滑,起步无冲击感,轮子转动应灵活、无滞重感,轮毂转动声音柔和、无异响,刹车应松紧适度,制动可靠。

(3) 还要检查一下,该车型应有的辅助功能(如电量显示、速度、里程显示等)是否处于正常状态。

(4) 随车的配套附件、充电器、合格证、说明书、保修卡是否齐全。

二、电动自行车的使用与保养

要保证电动自行车能可靠地为自己服务,就必须精心照料,合理的使用与保养。

(1) 利用电动自行车多功能的优点,最理想的使用方法是人助车动、电助人行、人力电力联动、既省力又省电。

(2) 具有零启动功能的电动自行车,由于静止启动时电流较大,耗能较多,且易损坏电池,应先用脚踏骑行,然后再电动,到一定速度再电力加速,切忌原地加速。上坡、负重或顶风、逆风行驶时,应人力骑行相助,这样可以避免电池超大电流放电,提高一次充电行驶里程,有利于延长电池寿命。

(3) 电动自行车的加速手把有时不能完全回位,请养成加速完成后即将手把反推回原位的好习惯。刹车时,电机的电源立即切断。但当刹车放开,如果这时加速手把还在加速位置,电机将立即得到电流前进,这样不利于安全,应养成加速完成后即将手把推回原位的好习惯。

(4) 每次使用电动自行车之前应检查:① 轮胎气压是否充足,气压充足可降低轮胎与道路的摩擦阻力;② 车把转向是否可靠,刹车是否灵活有效,要确保行车安全;③ 电池盒的插座、充电器的插头是否松动,电池盒是否锁好,喇叭及灯光按钮是否有效，要确保电路畅通。

（5）电动自行车不适合在凹凸不平或陡峭的路面行驶，如遇这种路面，请慢行或下车推行。冬天骑行时，请尽量采用脚蹬助力，这样既可使您的身体得到锻炼，又有利于延长电池的使用寿命（因为低温使电池组的容量下降，如放电深度加大，续行里程将缩短）。

（6）电动自行车虽然有良好的防雨性能，仍请避免直接日晒和雨淋，防止车体或转动部件的锈蚀，雨季使用或经过水潭、积水，水位高度不能高于轮毂轴中心线，防止电机进水造成损失。

（7）电动自行车的标准载重一般为80kg，所以除掉骑行者的重量，应避免带过重的物体。载重时，应用脚踏助力。

三、电池的使用与保养

电动车以电池为驱动力，电池是电动车的心脏。电动自行车所用铅酸电池的寿命长短与用户的日常使用维护有很大的关系，一般来说，要注意如下几点：

（1）电池应随用随充：每次使用放电深度越小（骑行距离越短），电池的使用寿命就越长，平时应养成随用随充的良好习惯。不少消费者习惯在电池快用尽用完时，才想起给电池充电。实际上，每天骑电动车，无论10km或50km后，均应及时充电，使电池长期处于满电状态。

（2）切忌亏电存放：电池需长时间放置时必须先充足电并定期补充电量，一般每一个月补充一次。电动车亏电存放，容易出现硫酸盐化，硫酸铅结晶物附在极板上，堵塞电离子通道，造成充电不足，电瓶容量下降。亏电状态闲置时间越长，电瓶损坏越严重。

（3）忌大电流放电：大电流放电对电池有一定的损害，易导致硫酸铅结晶，所以在起步、上坡、负重、顶风时用脚蹬加以助力。尽量避免瞬间大电流放电。

（4）定期深放电：正确方法是使用两个月后进行一次深放电，即长距离骑行直到欠压指示闪光，电量用完，然后充电恢复电池容量。

（5）掌握充电时间：一般情况下蓄电池都在夜间进行充电，平均充电时间在 8h 左右。若是浅放电（充电后行驶里程很短），电瓶很快就会充满，继续充电就会出现过充现象，导致电瓶失水、发热，降低电瓶寿命。如果充电器具有充满后自动断电功能，则是比较理想的。充电时要用配套的充电器，输入插头插交流电源插座，输出插头插电池盒，先插电池盒后接通交流电，不可错位。

（6）忌高温暴晒：电动车严禁在阳光下暴晒。温度过高的环境会使蓄电池内部压力增加而使电瓶限压阀被迫自动开启，直接后果就是增加电瓶的失水量，而电瓶过度失水必然引发电瓶活性下降，加速极板软化，充电时壳体发热，壳体起鼓、变形等致命损伤。

第六章 农村安全用电

和谐的社会主义新农村离不开电力供应，随着农村电力的发展，农村使用电气设备的种类、范围、人数越来越多，而出现的人身伤亡和电气设备损坏的事故也越来越严重，给人民群众带来很大的损失，所以用电必须要确保安全。

第一节 接地与防雷的一般知识

一、为什么接地

电气装置必须接地的部分与大地作良好的连接，称为接地。

埋设在地中并直接与大地接触的金属导体，称为接地体。将电气设备的接地部分与接地体连接起来的金属导体称为接地线。接地体和接地线总称为接地装置。

在正常情况下，电气设备的金属外壳是不带电的，但当绝缘损坏或带电的导体碰壳时，设备的外壳就会带电。此时，若有人触及该设备的金属外壳，就可能发生触电事故，为了保障人身安全，就将电气设备接地。此时，电气设备接地的主要目的就是为了在运行中，保证人身及设备安全。

低压配电网接地也是电气安全的重要保证。正确接地是减少电击与电气火灾的重要保证。可靠接地可保证发生对地短路后，保护开关及时切断电源，减少电击与电气火灾事故的发生。计量进户安装电能表时增加剩余电流保护器可有效防止电击事故发生，所以接地是进行农村低压电网改造时，必须重视的一个重要问题。

二、接地的种类

电力系统和设备的接地,按其功能分为工作接地和保护接地两大类,此外尚有为进一步保证保护接地的重复接地。

1. 工作接地

为保证电力系统和设备达到正常工作要求而进行的接地,称为工作接地,如电源中性点的直接接地或经消弧线圈的接地以及防雷设备的接地等。各种工作接地都有各自的功能。例如电源中性点的直接接地,能在运行中维持三相系统中相线对地电压不变;电源中性点经消弧线圈的接地,能在单相接地时消除接地点的断续电弧,防止系统出现过电压。至于防雷设备的接地,其功能更是显而易见的,不接地就无法对地泄放雷电流,从而无法实现防雷的要求。

2. 保护接地

为保障人身安全、防止间接触电而将设备的外露可导电部分进行接地,称为保护接地(代号 PE)。

如果设备外壳未接地,当一相绝缘损坏后,人体触及设备外壳时,相当于人体与故障相接触。由于线路存在着对地电容 C,所以,有电容电流流过人体,造成触电危险,如图 6-1(a)所示。当人体触及装有保护接地的设备外壳时,接地电流将同时沿着接地电阻和人体两条回路流通,由于人体电阻远远大于接地电阻,流经人体的电流较小,极大地降低了危险程度,如图 6-1(b)所示。

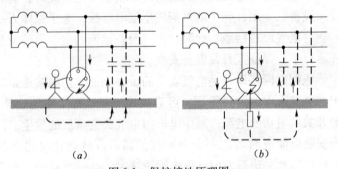

图 6-1 保护接地原理图
(a)无保护接地时的情况;(b)有保护接地时的情况

人体电阻值变化范围很大。在皮肤表面破损或潮湿时，阻值只有 800~1 000Ω，而试验表明，对于 50Hz 的交流电，通过人体的电流在 10mA 以上时对人体健康有危害；超过 50mA 则会引起呼吸困难，形成假死，若不及时用人工呼吸等方法抢救，即有致命危险。所以，可通过适当降低接地电阻值 R_E，减小通过人体的电流，使人体避免触电危险。

我国农村的 220/380V 低压配电系统，广泛采用中性点直接接地的运行方式，而且引出有中性线（代号为 N）、保护线（代号为 PE）或保护中性线（代号为 PEN）。保护中性线兼有中性线和保护线的功能，在我国通称为"零线"，俗称"地线"。低压配电系统按其保护接地的形式不同，又分为 TN 系统、TT 系统和 IT 系统。

（1）TN 系统

TN 系统的电源中性点直接接地，并引出有中性线 - N 线，属三相四线制系统。其中所有设备的外露可导电部分均接公共保护接地线（PE 线），或公共保护中性线（PEN 线）。当其设备发生一相接地时，就形成单相短路，其过电流保护装置动作，迅速切除故障部分。TN 系统又依其接公共 PE 线或 PEN 线的形式分为 TN - C 系统，TN - S 系统和 TN - C - S 系统，如图 6-2 所示。

1）TN - C 系统

这种系统的中性线 N 线和保护线 PE 线合为一根 PEN 线，所有设备的外露可导电部分均可与 PEN 线相连。当三相负载不平衡或只有单相用电设备时，PEN 线上有电流通过。一般情况下，如开关保护装置和导线截面选择恰当，是能够满足供电可靠性要求的，而且投资较省，又节约导电材料。该系统过去在我国低压配电系统中应用最为普遍，但现在在安全要求较高的场所包括住宅建筑、办公大楼及要求抗电磁干扰的场所均不允许采用。

2）TN - S 系统

这种系统的 N 线和 PE 线是分开的，所有设备的外露可导电部分均与公共 PE 线相连。这种系统的优点在于公共 PE 线在正常情况下没有电流通过，因此不会对接 PE 线上的其他设备产生电磁干扰，所以这种系统适于供数据处理、精密检测装置等使用。但这种系统消耗的导电材料较多，投资增加。此外，由于 N 线与 PE 线分开，因此 N 线断线也并不影响 PE 线上设备的防间接触电的安全。这种系统多用于环境条件较差、对安全可靠性要求较高及设备对电磁干扰要求较严的场所和居民住宅等处。

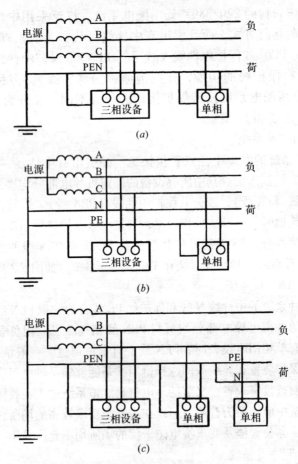

图 6-2 低压配电系统的 TN 系统
(a) TN-C 系统；(b) TN-S 系统；(c) TN-C-S 系统

3) TN-C-S 系统

这种系统是前边为 TN-C 系统，后边为 TN-S 系统（或部分为 TN-S）。这种系统兼有 TN-C 系统和 TN-S 系统的特点，常用于配电系统末端系统环境条件较差或数据处理等设备的场合和居民住宅等处。

20 世纪 50 年代，我国低压配电系统采用 TN-C 系统，20 世纪 90 年代开始采用 TN-S 或 TN-C-S 系统。现在国家要求低压用户不再采用 TN-C 系统，这主要是为了保证用电安全。

10kV 变压器低压侧引出线采用 TN-C 系统，即三相四线制，以便于架空线与电缆的施工。目前低压电缆已经开始生产五芯电缆，以用于 TN-S 系统，它主要用于工矿企业内部低压系统供电，在农村中仍以架空线为主。为了保证用电安全，从架空线引下后最好进行重复接地，然后再引出保护地线（PE），从而实现 TN-C-S 系统供电，保证用电安全，如果再安装剩余电流保护，用电的安全就更有保证。

(2) TT 系统

TT 系统的电源中性点直接接地，也引出有 N 线，属三相四线制系统，而设备的外露可导电部分则经各自的 PE 线分别直接接地，如图 6-3 所示。

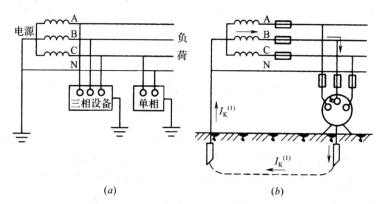

(a)　　　　　　　(b)

图 6-3 TT 系统及保护接地功能说明

(a) TT 系统；(b) 保护接地功能说明

但是，如果这种 TT 系统中的设备只是绝缘不良引起漏电时，则由于漏电电流较小而可能使电路中的过电流保护装置不动作，从而使漏电设备外露可导电部分长期带电，这就增加了人体触电的危险。因此为保障人身安全，这种设备应考虑装设灵敏的漏电保护装置。

低压配电系统三相供电时，若中性线（N）断开，三相负荷不平衡时，中性点发生漂移，三相对中性线电压发生变化，从而烧毁用电设备，此种事故几乎每年都发生，从而给用户造成一定的经济损失。

(3) IT 系统

IT 系统的电源中性点不接地或经阻抗接地，且通常不引出 N 线，因此它一般为三相三线制系统，其中电气设备的外露可导电部分经各自的 PE 线分别直接接地，如图 6-4 所示。

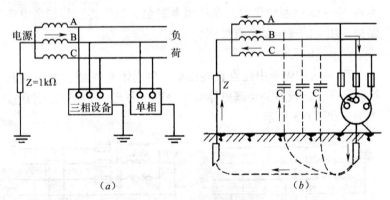

图 6-4　IT 系统及一相接地时故障电流
(a) IT 系统；(b) 一相接地时故障电流

由以上分析可知，保护接地的形式有两种：一种是设备的外露可导电部分经各自的 PE 线分别接地，如在 TT 系统中和 IT 系统中设备外壳的接地；另一种是设备的外露可导电部分经公共的 PE 线（如在 TN-S 系统）或经 PEN 线（如在 TN-C 系统）接地。上述的 PE 线或 PEN 线，通称零线。前者我国习惯称为保护接地，而后者习惯称为保护接零。

必须注意：同一低压系统中，不能有的采取保护接地，有的又采取保护接零，否则当采取保护接地的设备发生单相接地故障时，采取保护接零的设备外露可导电部分将带上危险的电压。

3. 重复接地

在电源中性点直接接地的 TN 系统中，为确保公共 PE 线或 PEN 线安全可靠，除在电源中性点进行工作接地外，还必须在 PE 线或 PEN 线的一处或多处进行必要的重复接地。如不重复接地，在 PE 线或 PEN 线发生断线并有设备发生一相接地故障时，在断线后面的所有的外露可导电部分都将呈现接近于相电压的对地电压，这是很危险的，如图 6-5 所示。

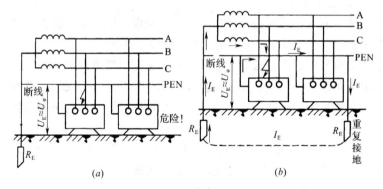

图 6-5 重复接地功能说明
（a）无重复接地，PE 线或 PEN 线断线时；
（b）采取重复接地，PE 线或 PEN 线断线时

如果进行了重复接地，则在发生同样故障时，断线后面的设备外露可导电部分（外壳）的对地电压 U_E 远远小于相电压 U_Φ，危险程度大大降低。

农村配电比较合理的方案是沿街道利用架空线以 TN－C（三相四线制）系统作为供电干线，由架空线引下时，由几户形成一个单相供电，单相供电从架空线引出后中性线（N）进行可靠的重复接地，然后再引出一根保护地线（PE），形成 TN－C－

S系统。对于单相负荷的用户进入每户电表箱及家庭为相线、中性线（N）与保护地线（PE），有条件的用户可安装小型剩余电流低压断路器进行保护，用电安全就可得到保证。

目前，农田灌溉水井用电在农村电网中占有一定比例。为保证供电质量，供电线路提高为10kV，然后再由若干台小容量变压器给多台水井提供220/380V电源。由于经济条件限制，水井电机很少安装断相保护。当220/380V用电负荷完全为三相电动机时，可以考虑在变压器二次侧安装断相保护。当某一电动机发生断线，负荷不平衡发出信号并跳闸。

三、防雷

1. 雷电形成

进入夏季，强对流天气增多，狂风暴雨、电闪雷鸣的天气时有发生，雷击造成的人员伤亡和财产损失是触目惊心的。雷电是空中对流云团发生的云天、云云和云地之间的放电现象，瞬间放电电压可高达上亿伏，冲击电流高达几万甚至几十万安培，雷电灾害严重危及生命和财产的安全。了解雷电成因，有助于加强对雷电的防护。

雷电是大气中的放电现象，常常发生在闷热无风晴朗的夏天。在无风条件下，空气膨胀变轻就会像氢气球一样很快上升。在上升过程中，因气压不断降低，体积会进一步膨胀，不断摩擦碰撞，分裂成了带电体。带正电荷的水滴下沉，带负电荷的水滴继续上升，等到一定数量的电荷聚集在一个区域，形成带正电或带负电的雷云时，其间的电压就可能使空气击穿，发生强烈的放电，使正负电荷互相中和，且出现耀眼的闪电。由于雷云放电电流很大，产生高温，使周围空气猛烈膨胀振动，于是发出震耳的雷声。

2. 雷电种类

雷电的种类可分为直击雷、感应雷及雷电侵入波三种。

当雷云较低，周围又没有异性电荷的云层，而在地面上有高大的树木或建筑物等时，雷云就会通过这些物体对大地放电，这称为直击雷。电力系统中的架空输电线路和户外电气设备等，很容易遭受直接雷击。由于雷电流很大，流入大地时又经一定的电阻，所以受雷击的设备会产生很高的直击雷过电压。这过电压可能对其周围的设备产生放电，这种现象称为"反击"。

当雷云接近大地时，因静电感应，雷云周围的电力线路或电气设备上会感应出大量与雷云极性相反的束缚电荷。当雷云放电后，束缚电场消失，束缚电荷得到释放，但来不及流散入地，从而形成很高的静电感应过电压；同时，当雷电流流入大地时，在周围空间产生迅速变化的强大磁场，能在附近的金属导体上感应出很高的电磁感应过电压。静电感应过电压和电磁感应过电压统称为感应过电压。感应过电压和直击雷过电压统称为大气过电压。

由于雷击，在架空输电线路上产生的冲击电压能以波的形式沿线路两侧迅速传播，构成雷电侵入波。

3. 雷电的危害

雷电的危害可以归纳成以下三个破坏：

（1）电作用的破坏

雷电数十万至数百万伏的冲击电压可能毁坏电气绝缘，造成大面积、长时间的停电事故。绝缘损坏引起的短路电弧和雷电的放电火花还可引起火灾和爆炸事故。电气绝缘的损坏以及巨大的雷电流流入地下，在电流通路上产生极高的对地电压和在流入点周围产生的强电场还可能导致人身触电伤亡事故等。

（2）热作用的破坏

热方面的破坏作用主要表现在巨大的雷电流通过导体，在极短的时间内转换成大量的热能，造成易燃品的燃烧或造成金属熔化飞溅而引起火灾或爆炸。

（3）机械作用的破坏

巨大的雷电流通过被击物时，静电作用力和电动力也具有很强的破坏作用。雷击时的气浪也有一定的破坏作用。

上述破坏作用是综合出现的，其中以伴有爆炸和火灾最为严重。雷电以其巨大的破坏力给人类社会带来了惨重的灾难，雷电灾害对国民经济和生命安全造成的危害日趋严重。所以防雷意识的加强，做好防雷减灾工作，将雷电灾害降到最低点，尤其显得紧迫和必要，并被社会各界和越来越多的人所重视。

自富兰克林发明避雷针以后，建筑物得到了有效的保护。然而在信息时代的今天，电脑网络和通信设备越来越精密，其对工作环境的要求越来越高，而雷电以及大型电气设备的瞬间过电压会越来越频繁地通过电源、天线、无线电信号收发设备等线路侵入室内电气设备和网络设备，使设备或元器件损坏，传输及存储的信号、数据受到干扰或丢失，甚至使电子设备产生误动作或暂时瘫痪，造成系统停顿、数据传输中断、局域网乃至广域网遭到破坏，其危害巨大，间接损失一般远远大于直接经济损失。

4. 直击雷防护

直击雷防护主要是考虑直击雷的遮蔽及防止反击，主要措施是采用避雷针、避雷线、避雷网和避雷带等避雷装置。

避雷装置由接闪器、引下线和接地装置三部分组成。它们比被保护物更接近雷云，实际上是"引雷"设备。在雷云对地面放电前，接闪器上已积聚了大量的与雷云极性相反的异性电荷，当电场强度超过一定值时，雷云放电，接闪器承受直接雷击，强大的雷电流经过阻值很小的引下线及接地装置泄入大地，从而使被保护物免遭直接雷击。

（1）避雷针

避雷针的接闪器一般由长 2m，直径 20mm 的金属棒制成，其形状像针，如图 6-6 所示为各种形式的避雷针。引下线一般用直径 10mm 的圆钢或截面大于 20mm×4mm 的扁钢，也可用避雷针支柱的型钢或钢筋，应保证通过雷电流时不熔化。接地装置一般用直径不小于 10mm 的圆钢或截面大于 20mm×4mm 的扁钢，应埋入地下 0.6~0.8m，其接地电阻应不大于 10Ω。

单支避雷针的保护范围，像一个由它所支撑的锥形"帐篷"，如图 6-7 所示。当被保护的面积较大时，可用两根、三根或更多的避雷针进行保护。

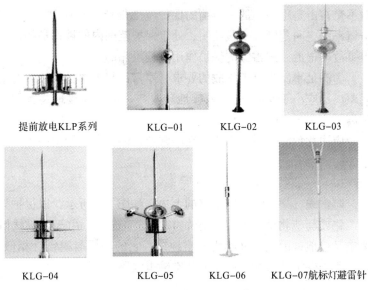

图 6-6 避雷针各种型号的外形

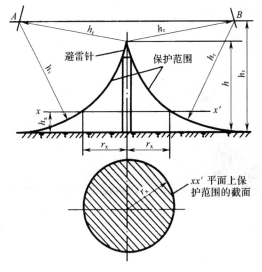

图 6-7 单支避雷针的保护范围

由于雷电路径受很多偶然因素影响，因此要保证被保护物绝对不受雷击是不现实的。所谓的保护范围是指具有 0.1% 左右雷击概率的空间范围。实践证明，处于保护范围内的被保护物，雷害事故率很低，避雷针的保护作用是较可靠的。

为满足不发生反击事故的要求，避雷针与被保护物之间的空间距离不应小于 5m；避雷针接地装置与被保护物接地装置间的距离不应小于 3m。

应注意独立避雷针不应设在经常通行的地方，距道路不应小于 3m。

(2) 避雷线

避雷线，架设在架空线路的上边，如图 6-8 所示，以保护架空线路或其他物体（包括建筑物）免遭直击雷。由于避雷线既架空又接地，因此它又称为架空地线，它的功用与避雷针相似。它可用于保护狭长的设施，如架空输电线路等。

图 6-8 避雷线

避雷线通常采用截面不小于 $35mm^2$ 的镀锌钢绞线。避雷线的保护范围通常以保护角表示。保护角是指避雷线和外侧导线之间的连线与垂直线之间的夹角。保护角一般不大于 25°。保护角越小，保护的可靠性越高。

虽然架设避雷线可以有效地防止直击雷，但要增加线路投资，所以要根据线路的重要程度、系统运行方式及雷电活动强弱等决定线路是否架设避雷线。

雷击造成输电线跳闸、断线的故障，占所有电网故障的60%以上。如上海电力市南供电公司供电的金山、松江、青浦、嘉定和闵行5个区，是地域空旷的新农村地区，输电线最容易遭受雷击破坏。

（3）避雷网和避雷带

避雷网和避雷带主要用于较高的建筑物的直击雷防护。建筑物的屋角、屋脊与屋檐等突出部位都应装设避雷带，如图6-9所示。

图6-9 屋顶避雷带

避雷带和避雷网可用直径不小于 $\phi 8mm$ 的圆钢或截面不小于 $48mm^2$，厚度不小于4mm的扁钢。接地引下线不得少于2根，一般沿四角墙柱外侧引下，也可敷设在抹灰层内。每根引下线均需设置集中接地体，并与建筑物接地网连接。

5. 感应雷防护

感应雷（特别是静电感应）也能产生很高的冲击电压，在电力系统中应与其他过电压同样考虑；在建筑物和构筑物中，主要应考虑放电火花引起的爆炸和火灾事故。为了防止静电感应产生的过电压，应将建筑物内的金属设备、金属管道及结构钢筋等可靠接地。接地装置可以与其他装置共用，接地电阻不应大于 $5\sim10\Omega$。

建筑物在采取防止静电感应措施时，对于金属屋顶，应将屋顶妥善接地；对于钢筋混凝土屋顶，应将屋面钢筋焊成 $6\sim12m$ 网格，连成通路，并予以接地；对于非金属屋顶，应在屋顶上加装边长 $8\sim12m$ 金属网格，并予以接地。

雷电感应的预防措施主要是针对有爆炸危险的建筑物和构筑物，其他建筑物和构筑物一般不考虑。

6. 避雷器

避雷器是用来防止雷电过电压波沿线路侵入变配电所或其他建筑物内，以免危及被保护设备的绝缘。避雷器的类型有阀型避雷器、排气式避雷器、金属氧化物避雷器、保护间隙等。

第二节 农村防雷

一、我国雷灾概况

我国地处温带和亚热带地区，雷暴活动十分频繁，全国有 21 个省会城市的年最多雷暴日均在 50 天以上，最多的达到了 134 天。从近 30 年的雷电资料看，我国雷暴日天数变化不大，但是雷电灾害造成的经济损失和人员伤亡事故日益严重，具有发生频次多、范围广、危害严重、社会影响大的特点。

随着我国经济社会的发展以及现代化程度的提高，雷电灾害对电力、石化、通信、交通、航空等各个重要行业部门及领域的危害程度日益加大，对人民生命财产安全，特别是广大农村人口的生命安全也造成了严重威胁。

据中国气象局不完全统计，在 1997 年至 2006 年的 10 年间，全国因雷击造成直接经济损失在百万元以上的雷电灾害事故就有200多起，每年因雷击造成人员伤亡上千人。仅2006年，全国就发生雷电灾害19 982起，其中，雷击伤亡事故759起，造成1 357人伤亡（死亡717人，受伤640人），全年因雷击引起的火灾或爆炸事故234起，一次雷击造成百万元以上直接经济损失的雷电灾害有44起，全年因雷电灾害造成的直接经济损失超过6亿元。雷电灾害已成为危害程度仅次于暴雨洪涝、气象地质灾害的一大气象灾害，严重威胁着我国社会公共安全和人民生命财产安全。

在我国农村中，多年来因雷击引起人员伤亡的事件屡见不鲜，在全国造成的雷击伤亡的事件几乎100%发生在农村。根据统计资料，雷害事故多年来在农村有增无减，呈上升趋势。

二、我国农村雷害事故多的原因

为何因雷击造成人员伤亡的事件几乎100%发生在农村而城镇几乎为零？为何在城镇中鲜见的直击雷害在农村时有发生？

1. 防雷环境的城乡差别

在城镇中各类建（构）筑物普遍设有防雷装置，避雷针、避雷带随处可见。各种防雷装置犹如构筑了一个庞大的防雷体系在整个城市中起到"保护神"的作用。但在广大农村，房屋多为农民自己修建的，由于防雷知识的缺乏，经济条件的制约，在建设时其房屋根本没有任何的雷电防护装置，雷击时一些在家中的村民因直击雷伤亡在所难免，在田地劳作者及路途中的行人因地处旷野更难逃厄运。

2. 家用电器"引雷入室"

近年来，随着农村社会经济的发展，许多农户都用上了家用电器，电视机、电话机等家用电器产品已进入千家万户，但房屋防雷装置缺位导致这些家用电器成为"引雷入室"的罪魁祸首。

许多农民在屋顶上安装铁皮水箱、太阳能热水器，或类似小铁塔的建筑，这些设施往往没有接地避雷设施，存在安全隐患。

一些偏远地区的农民为增加电视节目的接收效果，将电视接收天线架设在屋顶上方高于屋顶十余米的位置，一旦有雷暴产生，雷电极易与金属接收天线接闪，再由天线引入室内，造成电视机及室内其他设施损毁及人员伤亡。农村的电力线、广播线、通信线等，很多是由较为空旷的农田里电杆架空支撑引入，雷暴在空旷的农田上闪击后会经这些架空电力线、电话线引入室内，造成室内设备和人员损毁、伤亡。

3. 缺乏必要的防雷常识

在农村，遇雷雨时人们很自然选择到大树下避雨，殊不知这是"引雷上身"，由此造成的人员伤亡事例常见报端。有的农民雷雨时仍在田间劳作，因雷击而身亡的事故也时有发生。

三、农村防雷

1. 雷电的活动规律与雷击选择性

雷电活动从季节来讲以夏季最活跃，冬季最少，从地区分布来讲是赤道附近最活跃，随纬度升高而减少，极地最少。

评价某一地区雷电活动的强弱，通常使用"雷暴日"，即以一年当中该地区有多少天发生耳朵能听到雷鸣来表示该地区的雷电活动强弱，雷暴日的天数越多，表示该地区雷电活动越强，反之则越弱。我国平均雷暴日的分布，大致可以划分为四个区域，西北地区一般15日以下；长江以北大部分地区（包括东北）平均雷暴日在15~40日之间；长江以南地区平均雷暴日达40日以上；北纬23°以南地区平均雷暴日达80日。广东的雷州半岛地区及海南省，是我国雷电活动最剧烈的地区，年平均雷暴日高达120~130日。总的来说，我国是雷电活动很强的国家。

年平均雷暴日这一数字只能给人们提供概略的情况。事实上，即使在同一地区内，雷电活动也有所不同，有些局部地区，雷击要比邻近地区多得多。那么，哪些位置易遭受雷击呢？我们把容易发生雷击的地区，称为该地区的"雷击区"。

雷击区与地质结构有关。如果地面土壤电阻率的分布不均匀，则在电阻率特别小的地区，雷击的概率较大。这就是在同一区域内雷击分布还是不均匀的原因。这种现象我们称之为"雷击选择性"。

同一区域容易遭受雷击的地点和部位包括：

（1）易遭雷击的地点

1）土壤电阻率较小的地方，如有金属矿床的地区、河岸、地下水出口处、湖沼、低洼地区和地下水位高的地方；

2）山坡与稻田接壤处；

3）具有不同电阻率土壤的交界地段；

4）地面上有突起的建筑物、构筑物、大树、旗杆等，尤其是在旷野中的突起物（含人、畜等）。

（2）易遭受雷击的建（构）筑物

1）突出的建筑物，如水塔、电视塔、高楼等；

2）排出导电尘埃、废气热气柱的厂房、管道等；

3）内部有大量金属设备的厂房；

4）地下水位高或有金属矿床等地区的建（构）筑物；

5）孤立、突出在旷野的建（构）筑物。

（3）同一建（构）筑物易遭受雷击的部位

1）平屋面和坡度不大于1/10的屋面、檐角、女儿墙和屋檐；

2）坡屋度大于1/10且小于1/2的屋面、屋角、屋脊、檐角和屋檐；

3）坡度大于1/2的屋面、屋角、屋脊和檐角；

4）建（构）筑物屋面突出部位，如烟囱、管道、广告牌等。

2. 房屋的选址

在农村，建新房看"风水"是司空见惯的，对"风水"的科学性我们暂且不管，但从减少雷电袭击的角度来看，房屋的选址应该避开"雷击区"。如果房址选择没有考虑这个问题，而将房址选定在易雷击区，那以后就可能要遭受更多的雷击了。

房屋的选址还要避开电力系统的高压输电线路（输电线路具有引雷效应），更不宜将房舍建在高压输电线路的下面和近旁，而应离开一定的距离。输电线路的电压越高，离开的距离越大。具体要离开多远，要取决于输电线路的电压和当地的地形条件。

3. 农村房屋的防雷设置

雷击是一个概率事件，它的发生取决于多种条件，造成的损失也可大可小。原则上凡是有可能遭受雷击的房舍均应装设防雷装置。

（1）假如装设了防雷装置

2007年5月23日下午16:00~16:30，重庆开县义和镇兴业村小学教室遭受雷击，造成7人死亡，44人（又说39人）受伤，48个孩子出现雷击后遗症。全国震惊，各媒体广为报道，中央及各级地方领导都极为重视。

义和镇兴业村离义和镇20多公里，是一个分散在山区的小村落。兴业小学位于山头顶部一片较平坦的土地上。兴业小学校建立于1973年，1997年进行了改建，至今没有安装任何防雷设施。该校是一个隔年招生的不完全小学，有三个班，学生152人。它有四间教室，与老师办公室一起组成一个四合院平房结构，校门前是一个球场，学校四周零星分布着一些树。遭雷击的为北面两间教室，教室的墙都是用石头砌成的，屋顶为水泥预制板，扣除横梁室内净空还有4m多高。教室内没有电灯和电源照明电线，也没有任何通信线。分析学生们的死伤情况发现，死亡的都是靠墙的，没有受伤的都是坐在教室中间的，说明极高电压是从墙体击向学生们的。

经防雷专家现场勘察和初步分析，兴业村小学地处暴露的高处，而且开县义和镇历史上就是一个雷击多发区。

经测算，开县义和镇兴业村小学遭受雷击的教室的年预计雷击次数为0.0118次/a（年雷暴日数$T_d = 40~45d/a$，d表示日，a表示年），少于0.06次/a。因此，根据《建筑物防雷设计规范》的规定，该建筑物可不作防雷要求。但空前悲剧，7条鲜活的生命又让人难以平静。因为只要有根避雷针,这么多鲜活的生命就不会失去……

(2) 农村房屋的防雷设置

1) 平房

农村的房屋,从全国看仍以平房为主,高度通常 4~5m。对这一类建筑,如果采用传统的砖(石)木结构,通常不需要安装避雷针或避雷带。但海南、广东、广西、云南等省份的农村房屋,应装设避雷带,因为这些省份属于雷电活动特别强烈地区,即便是平房,遭受雷击的概率也较高。另外,屋顶若采用水泥预制板,应对预制板中的钢筋做接地处理或直接装设避雷带,因屋顶水泥预制板中的钢筋起了"引雷"的作用,大大增加房屋遭受雷击的概率。

2) 两层及以上的小康住宅

随着农村经济的发展,全国各地出现了大量的两层及以上的小康住宅楼,尤其是经济发达地区,别墅性质的住宅楼已很普遍。按国家规范要求,2~3层的住宅建筑若地处华北、东北、西北等地区也可不装设防雷装置,但从众多的雷害事故看,由于建筑中不可避免地使用大量钢筋,这些金属或多或少都有一定的引雷作用,还是提倡装设为宜。当然若地处雷电活动强烈地区,就更应该装设。毕竟防雷装置在房屋的整个造价中所占比例很小。

4. 防雷装置的做法

防雷的基本思想是疏导,即设法构成通路将雷电流引入大地,从而避免雷击的破坏。防雷装置由接闪器、引下线和接地装置三部分组成,三者各司其职,缺一不可。

接闪器,就是专门用来接受雷闪的金属物体。接闪的金属杆称为避雷针,接闪的金属线称为避雷线,接闪的金属带称为避雷带。接闪器实质上就是"引雷上身",房屋建筑的接闪器多采用避雷带,既简单又实用。

避雷带可用直径不小于 $\phi 8mm$ 的镀锌(防腐)圆钢或截面应不小于 $48mm^2$,厚度应不小于 4mm 的镀锌扁钢,沿建筑物的屋角、屋脊与屋檐等突出部位敷设，用150～200mm的支持卡支持固定。

引下线是连接接闪器和接地装置的一段导体，负责将雷电流传送到接地装置上。接地引下线也采用φ8mm的镀锌圆钢，一般沿四角墙柱外侧引下（宜不少于2处），也可敷设在抹灰层内。每根引下线均需与接地体可靠焊接。

接地装置的作用是将雷电流泄入大地，是防雷效果的关键。如果接地装置不可靠，即使用高价买最新式的避雷针，能把雷电流引来而又不能可靠地泄掉，等于招事。接地装置的类型有两种即水平式和垂直式。

水平式接地体制作方法：离开房屋外墙2～3m，环绕房屋一圈挖一条深0.6m的沟，将40mm×4mm的镀锌扁钢埋入沟内，并与接地引下线可靠焊接，然后填土压实。

垂直式接地体制作方法：采用至少两根长2.5m，规格50mm×50mm×5mm的镀锌角钢，间距不少于5m，离开房舍后墙2～3m，在两个屋角处打入地下泥土中，角钢上端距地面不少于0.6m，在地下0.6m深处将它们用40mm×4mm的镀锌扁钢焊接连在一起，并与接地引下线可靠焊接，就成为简易的接地极。接地体埋设方法见图6-10。

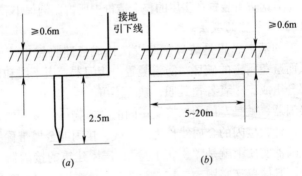

图6-10 人工接地体埋设示意图
(a) 垂直接地体；(b) 水平接地体

在山区垂直式接地体很难打入地下，应优先选择水平式。另外无论是山区还是平原，更好的做法是，将相邻的多家房屋的接地装置连接到一起，大家共用。多家联合接地，不仅可以极大地提高接地装置的泄流能力，且安全性、可靠性更有保证。

建房过程中如果能利用建筑物的主体钢筋作为防雷装置的接闪、引下和接地系统，这样既确保了防雷安全，效果好，又节约开支。其具体做法是，选择屋顶圈梁中 2~4 根主筋与楼板中的部分主筋焊接，在屋顶形成不大于 10mm×10m 网格做接闪器，利用柱子中主筋上下通焊做引下线，利用基础梁中通焊的 2~4 根主筋做接地体，三部分可靠焊接为一个整体，同时屋顶的金属构架如天线支架、太阳能支架及金属装饰物等均与接闪装置可靠焊接。

除了住宅外，农村的有些大牲畜饲养棚、蔬菜大棚、仓库等，常采用有金属板屋顶，或金属构架，或其他金属结构件，对这些金属材料也要做好接地。需要强调的是，接好地的金属构件就是防雷保护的屏障，没有接地的金属构件，就是雷电的帮凶和杀手！

5. 电源线路入户的处理

野外露天架设的电源线路在雷电活动下极易产生感应雷电压。如果感应雷电压沿电源线路传入室内，极易造成电器设备和人员的伤害。

220/380V 电源线路的架设，应采用标准的绝缘子。在进入室内前的最后一基杆子上，要将绝缘子的铁脚接地。绝缘子铁脚接地的意义在于，以它的冲击闪络放电电压，对过高的雷电电压起到了泄放保护的作用。也就是说，超过绝缘子放电电压的感应雷电压在进入室内以前可被绝缘子的放电而泄放掉。只有那些低于绝缘子放电电压的感应雷才可能进入室内。对于 380/220V 线路，它的绝缘子的放电电压只有 6~10kV，这个水平的电压的危害就小多了。

随着农村经济的发展，乡村规划时，在社区内逐步淘汰架空线改用地埋线（或地埋电力电缆），在配电室集中装设避雷器，既有利于村容村貌的整洁美观，又可避免感应雷的侵扰。

6. 电话线路入户的处理

与电源线路相似，电话线路入户时也应将它的绝缘子（例如通信蝶式绝缘子）的铁脚接地，也可在一定程度上减轻雷击的危害。另外应注意，在打雷时，不要使用电话。

7. 电视天线的防雷

架设室外天线，特别是室外电视天线，在各地广大农村非常普遍。为了获得较好的收视效果，天线安装一般都要比周围建筑物高出许多。在这种情况下，如果没有采取避雷措施或避雷措施不完善，就很容易引发雷击事故，从而造成财产损失，甚至导致人员伤亡。电视天线如此，其他电器设备如收音机等室外天线亦然。架设避雷针，这是一种普遍而又比较有效的防雷措施，避雷针可固定在天线架上，当然应保证接收天线在避雷针的保护范围内，相关的金属支架及引下线与接地装置可靠焊接。

8. 人身防雷

夏季防止雷击造成人员伤亡很重要。在现代社会，人们的社会活动增多，但却往往忽略了自身个体对自然灾害的防范，时有发生遭雷击身亡的事件。据统计，全世界每年雷击造成人员伤亡达一万多人。所以，防雷专家时常提醒大家，遇雷雨天气时，应注意以下几点：

雷电时，应尽量少在户外和旷野逗留，应暂避在下列场所：

1）有防雷设备或有大金属或金属框架的建筑物；

2）有金属顶盖或金属车身的汽车，封闭的金属船只等；

3）附近有建筑物屏蔽的市内街道；

4）地下掩蔽场所，诸如地铁、隧道和洞穴。

雷电时，应尽量避开下列场所：

1）小山丘、沿河小道、河、海、游泳池；

2）孤立的树木、旗杆、宝塔、烟囱等处。

在旷野遇雷时，应注意以下问题：
1）锄、锹等物不要扛在肩上，要用手提着。
2）把金属把雨伞收拢用手提着，不要撑开。
3）人多时，应尽量分散。
4）遇球雷时，不要跑动，以免球雷顺气流滚来。

如找不到合适的避雷场所时，应采用尽量降低重心和减少人体与地面的接触面积，可蹲下，双脚并拢，手放膝上，身向前屈，千万不要躺在地上、壕沟或土坑里，如能披上雨衣，防雷效果就更好。在野外的人群，无论是运动的，还是静止的，都应拉开几米的距离，不要挤在一起，也可躲在较大的山洞里。

注意当您头发竖起或皮肤发生颤动时，可能要发生雷击了，要立即倒在地上。受到雷击的人可能被烧伤或严重休克，但身上并不带电，可以安全地加以处理。

如有强雷鸣闪电时您正巧在家里，建议无特殊需要，不要冒险外出。

雷电时，在户内应注意以下问题：
1）远离天线、电灯线、电话线、广播线、收音机一类的电源线、收音机和电视机天线；
2）少打电话，不要套耳机听收音机；
3）在无保护装置的房屋内，尽量远离梁柱、金属管道、窗户和有烟囱的炉灶；
4）关闭门窗，防止球雷随穿堂风进入，不要站在窗前或阳台上、有烟囱的灶前；
5）雷雨时，不要洗澡、洗头，不要呆在厨房、浴室等潮湿的场所；
6）雷雨时，不要使用家用电器，应将电器的电源插头拔下。

如果有人遭到雷击，应不失时机地进行人工呼吸和胸外心脏按压，并送医院抢救。

第三节 安全用电

近年来,伴随着农村电网的改造,农民的生活质量有了进一步提高,各种家用电器如:彩电、冰箱、VCD等陆续"走进"普通农家,丰富了农村的文化生活。但安全用电问题却令人担忧,由不安全用电引起的火灾、人身触电致残、死亡事故的报道常见报端,给家庭和社会造成了难以弥补的损失。主要有以下几个方面的原因:

(1)家电本身存在着不合格的产品质量问题引起的不安全因素。

(2)使用不当,没有严格按照电器说明书上的方法正确使用。

(3)安全用电意识差,比如:农民用电很少装剩余电流动作保护器;使用过大的保险丝;甚至有的用铝、铜丝代替保险丝;私拉乱接;电源灯头、开关安装太低,室内线路老化、裸露;线径不够;家用电器用后不及时拔掉插头;安装、修理电器不找电工;线路、电表超负荷使用等。

因此,在加强农村安全用电管理的同时,有关部门要采取有效措施,积极向农民宣传家庭安全用电常识,使农民增强安全用电意识,尽量避免事故的发生,为推动农村两个文明建设多作贡献。对不符合国家安全用电管理规定的违章行为,要坚决予以整改,消除安全隐患,为社会主义新农村建设营造一个安全、稳定、文明、和谐的生活环境。

一、电流对人体的危害

电流对人体的伤害包括电击、电伤和电磁场伤害三种。电击是指电流通过人体,破坏人体心脏、肺及神经系统的正常功能;电伤主要是指电弧烧伤、熔化金属溅出烫伤等;电磁场生理伤害是指在高频磁场的作用下,人会出现头晕、乏力、记忆力减退、失眠、多梦等神经系统的症状。

1. 电击

电击是电流通过人体，机体组织受到刺激，肌肉不由自主地发生痉挛性收缩造成的伤害。严重的电击是指人的心脏、肺部神经系统的正常工作受到破坏，形成危及生命的伤害。数十毫安的工频电流即可使人遭到致命的电击。电击致伤的部位主要在人体内部，而在人体外部往往不会留下明显痕迹。

电流对人体伤害的程度与通过人体电流的大小、电流通过人体的持续时间、电流通过人体的途径、电流的种类等多种因素有关。而且，上述各个影响因素相互之间，尤其是电流大小与通电时间之间也有着密切的联系。

人体对流经肌体的电流所产生的感觉，是随电流的大小而不同，伤害程度也不同。通过人体的电流愈大，人体的生理反应愈明显，伤害愈严重。当人体流过工频 1mA 或直流 5mA 电流时，人体就会有麻、刺、痛的感觉；当人体流过工频 20~50mA 或直流 80mA 电流时，人就会产生麻痹、痉挛、刺痛，血压升高，呼吸困难，自己不能摆脱电源，存在生命危险；当人体流过 100mA 以上电流时，人就会呼吸困难，心脏停搏。

通过人体电流的持续时间愈长，愈容易引起心室颤动，危险性就愈大。

电流通过心脏会引起心室颤动，电流较大时会使心脏停止跳动，从而导致血液循环中断而死亡；电流通过中枢神经或有关部位，会引起中枢神经严重失调而导致死亡；电流通过头部会使人昏迷，或对脑组织产生严重损坏而导致死亡；电流通过脊髓会使人瘫痪等。上述伤害中，以心脏伤害的危险性为最大。因此，流经心脏的电流多、电流路线短的途径是危险性最大的途径，如手到脚、手到前胸等。

一般来说，10mA 以下工频电流和 50mA 以下直流电流流过人体时，人能摆脱电源，故危险性不太大。

2. 电伤

电伤是由电流的热效应、化学效应、机械效应等对人体造成的伤害，多见于机体的外部，往往在机体表面留下伤痕。能够造成电伤的电流通常都比较大。电伤属于局部伤害，其危险程度决定于受伤面积、受伤深度、受伤部位等。电伤包括电烧伤、电烙印、皮肤金属化、机械损伤、电光眼等多种伤害。

电烧伤是最为常见的电伤，大部分触电事故都会造成电烧伤。电烧伤可分为电流灼伤和电弧烧伤。

电流灼伤是人体接触带电体，电流通过人体时，电能转换成热能引起的伤害。电流愈大、通电时间愈长，则电流灼伤愈严重。电流灼伤多发生在低压电气设备上。因电压较低，形成电流灼伤的电流不太大。但数百毫安的电流即可造成灼伤，数安的电流则会形成严重的灼伤。

电弧烧伤是由弧光放电造成的烧伤。当人体过分接近高压带电体，其间距小于放电距离时，发生电击的同时伴随着强烈的电弧，造成电弧烧伤称为直接电弧烧伤。若电弧发生在人体附近，对人体形成的烧伤以及被熔化金属溅落的烫伤称为间接电弧烧伤。弧光放电时电流很大，能量也很大，电弧温度高达数千摄氏度，可造成大面积的深度烧伤，严重时能将机体组织烘干、烧焦。电弧烧伤既可以发生在高压系统，也可以发生在低压系统。在低压系统中，带负荷拉开裸露的闸刀开关时，产生的电弧会烧伤操作者的手部和面部；当线路发生短路，开启式熔断器熔断时，炽热的金属微粒飞溅出来会造成灼伤；因误操作引起短路也会导致电弧烧伤等。在高压系统中，由于误操作，会产生强烈的电弧，造成严重的烧伤。

电烙印是电流通过人体后，在皮肤表面接触部位留下与接触带电体形状相似的斑痕，如同烙印。斑痕处皮肤呈现硬变，表层坏死，失去知觉。皮肤金属化是由高温电弧使周围金属熔化、蒸发并飞溅渗透到皮肤表层内部所造成的。受伤部位呈现粗糙、张紧。机械损伤多数是由于电流作用于人体，使肌肉产生非自主的剧烈收缩所造成的。其损伤包括肌腱、皮肤、血管、神经组织断裂以及关节脱位乃至骨折等。电光眼的表现为角膜和结膜发炎。弧光放电时辐射的红外线、可见光、紫外线都会损伤眼睛。在短暂照射的情况下，引起电光眼的主要原因是紫外线。

二、触电事故的分布规律

有关的统计资料表明，触电事故的分布具有规律性。根据国内外的触电事故统计资料分析，触电事故的分布具有如下规律。

（1）低压设备触电事故多：高压电网人们大多不容易接触，而低压电网覆盖面大，分布于乡村的各个角落，用电设备多，因此人们触及的机会也多；加之设备简陋，线路架设不够规范，管理不严或缺乏管理，低压配电设备的设施与规程要求相差甚远；另外，人们对低压设备和线路容易产生麻痹思想，缺乏用电安全知识的人员接触低压电力的机会就更多，因而更容易造成低压触电事故。

（2）农村触电事故多：我国虽然已进行了大规模的农村电网改造，用电安全水平显著提高，可触电死亡事故率仍远高于世界上经济发达国家。而且触电事故主要发生在农村，农村触电事故是城市的6倍之多。其主要原因是：农村用电条件差，安全用电意识淡薄，电气设备简陋且安装不尽合理，设备缺陷多，电力线路陈旧、老化、运行质量差，技术水平低，管理不严格，用电设备分散，移动设备多，用电环境恶劣，农民缺乏电气知识和安全用电常识等。

（3）六、七、八、九月份触电事故多：主要是由于这段时间天气炎热，人体穿着单薄且皮肤多汗，相应增大了触电的危险性；夏、秋两季雷电暴雨频繁，多雨潮湿，电气设备绝缘性能下降；以及这段时间某些地区是农忙季节，农村用电量增加，人们接触和操作电气设备的机会明显增多，以致触电事故多。

（4）携带式设备和移动式设备触电事故多：主要是由于这些设备需要经常移动，工作条件差，容易发生故障，而且这类设备在使用时多需用手紧握进行操作。

(5) 电气连接部位触电事故多：大量触电事故的统计资料表明，很多触电事故发生在接线端子、缠接接头、压接接头、焊接接头、电缆头、灯座、插销、插座、控制开关、接触器、熔断器等分支线、接户线处。主要是由于这些连接部位机械牢固性较差、接触电阻较大、绝缘强度较低，从而易造成人身触电。

(6) 冶金、矿业、建筑、机械行业触电事故多：由于这些行业的生产现场经常伴有潮湿、高温、现场混乱、移动式设备和携带式设备多以及金属设备多等不安全因素，使触电事故相对较多。

(7) 中青年工人、非专业电工、合同工和临时工触电事故多：这些人往往是主要操作者，经常接触电气设备，电气安全知识又相对不足。

(8) 错误操作和违章作业造成的触电事故多：大量触电事故的统计资料表明，有85%以上的事故是由于错误操作和违章作业造成的。其主要原因是由于安全教育不够、安全制度不严和安全措施不完善、操作者素质不高等。

造成触电事故的具体原因包括：缺乏电气安全知识、违反操作规程、设备不合格、维修不善等；由于电气线路设备安装不符合要求，会直接造成触电事故；由于电气设备运行检修管理不当，绝缘损坏而漏电，又没有有效的安全措施，也会造成触电；接线错误，特别是插头、插座接线错误，造成过很多触电事故；由于操作失误，带负荷拉刀闸，未拆除接地线合刀闸等均会导致电弧引起触电；检修工作中，保证安全的组织措施、技术措施不完善，误入带电间隔、误攀爬带电设备、误合开关等造成触电事故；高压线断落地面可能造成跨步电压触电等。应当注意，很多触电事故往往不是由单一原因造成的。人们在长期的生产和生活实践中，不断总结积累经验，制订了各种技术措施、各种安全工作规程及有关电气安全规章制度，我们只要依照客观规律办事，不断完善电气安全技术措施和管理措施，电气事故是可以避免的。

三、常见触电形式

用电中发生各种不同形式的触电事故，从总的情况来看，常见的触电形式有如下几种：

1. 单相触电

人站在大地上，接触到一相带电体时，电流经人体流入大地，流回电源，这种触电方式称为单相触电。这时加在人体上的是电源相电压，如图 6-11 所示。这种触电往往是由于用电人员缺乏用电知识或在工作中不注意，不按有关规章和安全工作距离办事等，直接触碰了裸露于外的导电体。发生这种事故次数最多，约占总触电事故的 75%，大部分情况发生在人的一只手接触一相带电体时。

2. 两相触电

当人体的两处，如两手或手和脚，同时触及电源的两根相线发生触电的现象，称为两相触电。在两相触电时，即使人体与大地有良好的绝缘，但因人同时和两根相线接触，人体处于电源线电压下，在电压为 380/220V 的供电系统中，人体受 380V 电压的作用，并且电流大部分通过心脏，因此是最危险的，如图 6-12 所示。发生这种事故的次数次于单相触电，约占总触电事故的 15%，多发生在电工进行某种操作时。

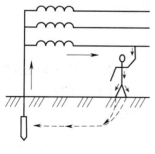

图 6-11 单相触电

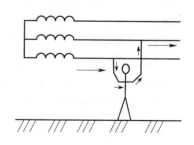

图 6-12 两相触电

3. 跨步电压触电

在电压较高的供电线路中,由于某一相导线断落在地面,而电源并没有被切断时,在断线落地处电流成一半球形流入大地(球半径约为 20m)。在地面上由于土壤电阻会形成不同的电位分布,如图 6-13 所示。地面不同两点间会有电位差,此时人如果走过这里,两脚踩在两个不同的电位点上,就会有电流流过人体造成触电。假设是 10kV 导线落地,

图 6-13 跨步电压触电

每米间距上平均电位差为 500V,一般人的跨步约为 0.8m,这样就会有 400V 跨步电压加在人体上,离落地点越近电位差越大,触电危害也越大。如果这时人倒地,按身高 1.6m 计算,将近千伏电压加在人体上,这样会更危险。

跨步电压触电一般发生在高压电线落地时,但对低压电线落地也不可麻痹大意。根据试验,当牛站在水田里,如果前后跨之间的跨步电压达到 10V 左右,牛就会倒下,电流常常会流经它的心脏,触电时间长了,牛会死亡。遇到有高压线落地的情况千万不要跑,以免形成跨步电压。一个人当发觉跨步电压威胁时,应赶快把双脚并在一起,或尽快用一条腿跳着离开危险区。

4. 静电触电

高压送电线路处于大自然环境中,由于风、力等摩擦或因与其他带电导线并架等原因,受到感应,在导线上带了静电,工作时不注意或未采取相应措施,上杆作业时触碰带有静电的导线同样可发生触电事故。

四、农村安全用电须知

随着农村经济的发展,电已经和农民朋友结下了不解之缘,但随之而来的是农村用电事故屡屡发生,农村在用电方面存在的种种问题,体现了农民自身安全用电意识的缺乏,因此呼吁有关部门要采取措施加大对农村用电的管理、监督力度,大力宣传安全用电的有关知识,增强农民安全用电的意识,切实杜绝违规用电现象。

农村安全用电须知内容如下:

(1)无论是集体或个人,需要安装电气设备和电灯等电器用具时,应由电工进行安装,在使用中,电气设备出现故障时,要由电工进行修理。

(2)自觉遵守安全用电规章制度,禁止私拉电网防窃、防盗、狩猎、捕鱼和灭鼠等。

(3)电灯线不要过长,灯头离地面应不小于2m。灯头应固定在一个地方,不要拉来拉去,以免损坏电线或灯头造成触电事故。

(4)电动机、吹风机、电风扇、扩音机等金属外壳的电气设备,应按规定进行接地。安装和修理及接地线,要由电工进行。

(5)熔丝(保险丝)要符合规格,要根据用电设备的容量(瓦数)来选择。安装熔丝时,先要拉闸,后断电源,然后再装上合乎要求的熔丝。如果熔丝经常熔断,应由电工查明原因,排除故障。

(6)广播线、电话线要与电力线分杆架设。广播线、电话线在电力线下面穿过时,与电力线的垂直距离不应小于1.25m。如果发生广播线与电力线相碰时,广播喇叭将发出怪声,甚至冒烟起火。此时,应赶快关掉广播线上的开关或用木把斧头、铁锹、镐头等迅速砍断广播线,并且不要靠近带电的线头,要请电工及时处理故障。必须注意:此时不得用手去拨电线,否则将造成触电事故。

（7）晒衣服的铁丝不要靠近电线，以防铁丝与电线相碰。更不要在电线上晒衣服、挂东西。此外，还要防止藤蔓、瓜秧、树木等接触电线。

（8）无论是集体或个人，需要拉接临时电线时，都必须经供电局同意，由电工安装，禁止私拉乱接临时电线。临时电线要采用橡皮绝缘线，离地面不低于 2.5m，并且要有专人管理，用过后要及时拆除。

（9）禁止使用"一线一地"的办法安装电灯等。

（10）教育儿童不要玩弄电线、灯头、开关、电动机等电气设备，不要到电动机和变压器附近玩耍，不要爬电杆或摇晃电杆拉线，不要在电线附近放风筝，万一风筝落在电线上，要由电工来处理，不要自己猛拉硬扯，以免电线相碰引起停电和触电事故。不许用石块或弹弓打电线、瓷瓶上的鸟，以防打伤、打断电线或打坏瓷瓶。

（11）发现落地的电线，离开 10m 以外，更不要用手去拾。同时，要设法看护落地电线，并请电工来处理，以防他人走近而发生触电。

（12）移动电气设备时，一定要先拉闸停电，后移动设备，绝不要带电移动。把电动机等带金属外壳的电气设备移到新的地点后，要先安装好接地线，并对设备进行检查，确认设备无问题后，才能开始使用。

（13）不要在电杆和拉线附近挖土，更不要在电杆和拉线附近放炮崩土，以防崩伤、崩断电线。不要把牲畜拴在电杆或线上，以防电杆倾斜、电线相碰，甚至发生倒杆断线事故。

（14）电线下方不要立井架。修房屋或砍树木时，对可能碰到的电线，要拉闸停电。砍伐树木时，应先砍树枝，后断树干，并使树干倒向没有电线的一侧。

（15）船只从电杆下面通过时，要提前放下桅杆。汽车、拖拉机载货时，不要超高。

（16）地埋电力线埋设深度不应小于1m。平整土地和拖拉机、插秧机田间作业时，应特别注意不要碰断地埋线。

（17）安装电气设备时，应符合安装要求，不能使用有裂纹或破损的开关、灯头和破皮的电线。电线接头要牢靠，并用绝缘胶布包好。发现有破损现象时，要及时找电工修理。

（18）不要在电线下盖房子、堆柴草和打场等。在灯泡开关、熔丝盒和电线附近，不要放置油类、棉花、木屑等易燃物品，以防发生电气火灾。如果发现有烧焦橡皮、塑料的气味，应立即拉闸停电，查明原因妥善处理后，才能合闸。万一发生火灾，要迅速拉闸救火。如果不能停电，应用盖土、盖砂的办法救火。一定不要泼水救火，以防触电。

（19）在雷雨时，不可走近高压电杆、铁塔、避雷针的接地线和接地体周围，以免因跨步电压而造成触电。

（20）发现有人触电，千万不要用手去拉触电人，赶快拉断开关或用干燥木棍、竹竿挑开电线，立即用正确的人工呼吸或胸外心脏按压法进行现场急救，不能打强心针。

五、漏电保护器

漏电保护器俗称漏电开关，是用于在电路或电器绝缘受损发生对地短路时防人身触电和电气火灾的保护电器，一般安装于每户配电箱的插座回路上和全楼总配电箱的电源进线上。低压配电系统中设漏电保护器是防止人身触电事故的有效措施之一，也是防止因漏电引起电气火灾和电气设备损坏事故的技术措施。但安装漏电保护器后并不等于绝对安全，运行中仍应以预防为主，并应同时采取其他防止触电和电气设备损坏事故的技术措施。

1. 漏电保护器的作用原理

采用保护接地和保护接零的方法，只是在用电设备漏电的情况下，防止人无意触及而发生的触电事故，如果人直接触及了带电体，这两种保护方法就没有任何用处了。另外，在使用保护接零时，如果故障电流不足以大到使线路中的保护电器动作，也就起不到保护作用。为了使用电更安全，在许多场所都要使用漏电保护器。

在使用漏电保护器的电路中，无论什么原因造成对地电流，都会使开关动作。人触及带电体，电流经人体入地，开关要动作；设备绝缘老化，出现轻微漏电，这时虽然做了接零保护，但漏电电流很小，短路保护电器不会动作，会造成设备外壳长时间带电，引起触电，但使用漏电保护器，这样小的漏电电流开关就会动作切断电源。

2. 漏电保护器的安装使用

漏电保护器的安装要求如下：

（1）安装前应检查漏电断路器铭牌上的数据是否与使用要求相符，并操作数次，观察动作是否灵活，有无卡住现象。

（2）保护器应安装在无腐蚀性气体、无爆炸危险的场所，并注意防潮、防尘、防阳光直晒。

（3）保护器的安装位置应避免邻近导线、电器设备的磁场干扰。

（4）保护器使用穿心式零序电流互感器时，各相一次导线宜绞在一起穿过互感器，并在两端部保持适当距离后才分开，以防保护器在正常工作条件下误动作。

（5）漏电断路器动作电流大于15mA时，应将电气设备的外壳可靠接地。

（6）安装完毕后，不得以人身做试验，以免发生触电事故，也不应用兆欧表测量负荷侧的端子间的绝缘电阻，以免将兆欧表的高压加在漏电断路器上。

3. 常见故障与排除

（1）漏电保护器刚投入运行就动作跳闸

① 线路泄漏电流过大而引起误跳闸，应检查线路的绝缘电阻；

② 三相电源线（包括零线）未在同一方向穿过零序电流互感器，应改正接线；

③ 装漏电断路器或未装漏电断路器的线路混接在一起，可将两种电路分开；

④ 零线在漏电断路器后如有不适当的重复接地（尤其当零序电流互感器装在中性线上时）应取消重复接地；

⑤ 线路上接有一线一地负荷，应拆除这种负荷；

⑥ 漏电断路器本身有故障，应进行检修或更换漏电断路器；

⑦ 用电设备外壳的接地线与工作零线相连引起误动作，可将接地线与工作零线断开。

（2）漏电保护器误动作

① 接线错误。由于用电设备接线错误，相邻分支零线相互连接和漏电开关极数选择不对而引起误动作。在三相四线制电路中，照明和动力合用电路，错误地选用三极漏电断路器。单相负荷零线直接接到开关电源侧引起误动作。

② 接地不当。如零线重复接地，自耦变压器接地点分流，零序电流互感器回路中，有金属管电缆时其金属管接地不当，也会引起误动作。

③ 过电压。如电路中发生雷击过电压和操作过电压。应换上延时型或冲击电压不动作型漏电断路器；或在触点之间并联电容、电阻以抑制过电压，也可在线路中接入过电压保护装置。

④ 电磁干扰。若附近有磁性设备接通或大功率电器开合，将安装位置远离上述设备。若零序电流互感器和脱扣线圈分开装在两处，连接导线过长，又在强电场或强磁场附近，应将连接导线尽可能缩短，并绞合在一起穿入铁管，或采用屏蔽导线，且屏蔽部分接地。

⑤ 环流影响。若两台配电变压器并联运行。每台变压器的中性点各有接地线，因两台变压器的内阻不会完全相等。接地线中产生环流，应拆除一根接地线，使两台变压器共用一个接地极。

同一变压器通过两条并联回路对同一负载供电，由于两分支的电流不可能完全相同，在回路中也会出现环流，将负荷分成两组，分别由两支路供电，尽可能不要使两台漏电开关并联使用。

⑥ 汞灯和荧光灯回路的影响，若汞灯或荧光灯与整流器分开安装。而灯与整流器的距离较大，对地电容较大，且灯管电压是高频波，对地容抗小，使充电电流增大。当回路中灯较多时，充电电流会使漏电开关误动作，应减少灯的数量。缩短灯与整流器的距离，或采用一、二次侧绝缘的整流器，而不采用自耦式整流器。

⑦ 工作零线的绝缘电阻过低，如多个分支的零线对地绝缘电阻过低，当一负载三相不平衡时，在零线上有较大的工作电流，并经大地流向其他分支路，从而在各个漏电开关上都能测出漏电电流，使开关误动作，应重视工作零线的绝缘水平。

⑧ 过载或短路的影响，若漏电开关有过电流保护、短路保护，当过电流短路保护脱扣器的电流整定不合适而引起误动作，应重新调整动作电流与工作电流相匹配。

六、插座的正确使用

随着农村经济的发展和国家对农民各项优惠政策的落实，大量的家用电器进入农村普通百姓的家庭。家用电器都采用插头和插座与电源连接，而农村市场上的插座大多数是假冒伪劣产品和"三无"产品，在农村普遍存在购买的插座质量不合格，安装不合规范的问题。这些问题给家用电器的使用者埋下了事故隐患。在此，谈一下怎样正确安装插座的问题。

插座一般有两孔和三孔两种（最常见的五孔插座就是一个面板上有一个两孔，有一个三孔）。对应的插头也有两极和三极之分。单相三孔插座的排列及标志如图6-14所示。图中 L 表示相线（火线），N 表示中线（零线），PE 表示保护接地线（或保护接零线）。

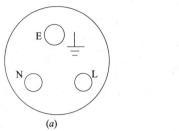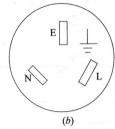

图6-14 单相三孔插座的排列及标志
(a) 圆形孔；(b) 扁形孔

根据国家标准 GB 1002—80 和 GB 1003—80 的规定，插座和插孔的形状应是扁形的。圆形的是早期生产的老产品，已淘汰，以下为作图方便起见，插座孔以圆圈表示。

两极插头，即对应两孔插座内接的火线（相线）和零线，形成一个完整的电流回路。而三极插头除了下边两插脚和两极插头一样对应火线和零线外，上端一个插脚为接地插脚，对应三孔插座上接的地线。

电气标准规定，外壳体为金属导体的电器，必须使用三极插头，在金属外壳意外带电时提供接地保护（电流接地，此回路电阻几乎为0，根据电的原理，此时通过人身体的电流趋向无限小，因此形成保护作用）。家用电器中，使用三极插头的主要有冰箱、洗衣机、电饭煲、微波炉、油烟机、电热水器、吸尘器、电脑显示器、空调等。其他如电吹风、电视机、DVD、台灯等一般为两极插头。

单相三孔插座的正确接线法如图 6-15 所示，面向电源插座应符合"左零右火，接地在上"的要求。图 6-15 (a) 和 (b) 分别适用于三相五线制 TN – S 和 TN – C – S 系统中；图 6-15 (c) 适用于三相四线制保护接地系统中。图 6-15 (a) 和 (b) 的安全性较高。

231

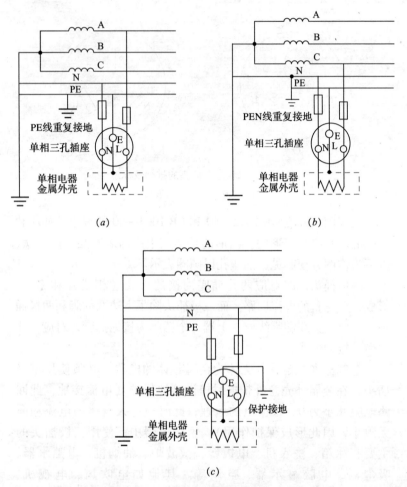

图 6-15 单相三孔插座的正确接线方法

单相三孔插座较典型的错误接法如图 6-16 所示。图 6-16 (a) 中的接法潜伏着不可忽视的危险性,这是由于居民住宅区一般都采用导线截面较小的单相两线制线路,零线因外力作用而断线的可能性较大,又如接头氧化、腐蚀、松脱等都会造成零线断路,导致形成图 6-16 (b) 所示情况,此时负载回路中无电流,负载上无压降,家用电器的金属外壳上就带有220V对地电压,这就严重危及人身安全。另一种情况是当检修线路时,有可能将相线与零线接反,导致形成如图6-16(c)所示情况,此时220V相电压直接通过接地(接零)插孔传到单相电器的金属外壳上,危及人身安全。

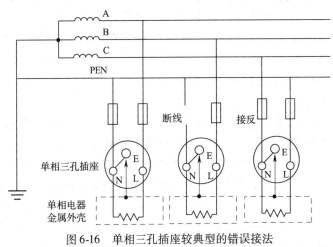

图6-16 单相三孔插座较典型的错误接法

夏季气温高,居民应注意安全用电,以免引发火灾;不要使用不合格的电线或插座;多个家用电器最好不要同时使用;电饭煲、电热水器等家用电器用后应拔掉电源插头;外出、睡前或突然停电后,应切断电器电源;不要赤手赤脚去修理家中带电的线路或设备;电线因使用时间过长或其他原因,会形成裸露,遇湿容易造成短路着火,对于这一点要加以注意。

第四节 触电的急救处理

发现有人触电,必须想办法使触电者离开带电的物体,不然,电流通过人体的时间长,危险就愈大。因此,当发现有人触电,进行现场急救的具体操作,可分为迅速脱离电源、急救处理和急送医院等。

一、迅速脱离电源

（1）切断电源。如果触电者触电的场所离控制电源开关、保险盒或插销较近时，最简单的办法是断开电源，拉开保险盒或拔掉插销，这时电源就不能再继续通过触电者的身体。

（2）用绝缘物移去带电导线。如果触电者触电的场所离电源开关很远，不能很快的拉开电源开关时，可以用不传电的东西，如干燥的木棒、竹竿、衣服、绝缘绳索等（千万不能用导电物品），把触电者所碰到电线挑开，或者把触电者拉开，使他隔离电源。

（3）如果当时除了用手把触电者从电源上拉下来以外，再没有更好的办法时，救护人最好能戴上胶片手套，如果没有胶片手套，可以把干燥的围巾或呢制便帽套在手上，或给触电者身上披上胶片布，以及其他不导电的干燥布衣服等，再去抢救。如果没有这些东西，救护人可以穿上胶片鞋站在干燥的木板或不导电的垫子上，或衣服堆上进行抢救。抢救时只能用一只手去拉触电者，另一手决不能碰到其他导电的物体，以免发生危险。

总之，在现场可因地制宜，灵活运用各种方法，迅速安全地使触电者脱离电源。必须注意触电者脱离电源后，因不再受电流刺激，肌肉会立即放松，故有可能会自行摔倒，造成新的外伤，特别是事故现场在高处时，危险性更大。因此在解脱电源时，应辅以相应措施，避免发生二次事故。

二、急救处理

解脱电源后，然后进行以下抢救工作：
（1）解开妨碍触电者呼吸的紧身衣服。
（2）对处于昏迷状态严重的触电者，应尽快对呼吸、心跳的情况作出判断。当触电者处于"假死"状态时，表现为：
第一类心跳停止，但呼吸尚存在；
第二类呼吸停止，但心跳尚存在；

第三类为呼吸、心跳均停止。

判断方法如下：

1）观察呼吸是否存在。当有呼吸时，能看到胸廓或腹壁有呼吸产生的起伏运动；用耳朵听到及面部面颊能感觉到口鼻处有呼吸产生的气体流动；用手触摸到胸部或腹部能感觉到呼吸时的运动；反之，则呼吸已停止。

2）检查颈动脉是否搏动。检查时，可将中指和食指合并，将指尖置于喉结部位的一侧，若有脉搏时，一定有心跳；也可用耳朵贴近心前区静听，若有心音则有心跳。

3）观察瞳孔是否扩大。瞳孔扩大说明人体处于"假死"状态。

（3）经过简单判断后，根据具体情况立即就地进行抢救：

1）如果触电者神志清醒，但感乏力、头昏、心悸，甚至有恶心或呕吐，应使触电者就地安静休息，并注意观察，必要时送往医疗部门治疗。

2）如果触电者神志不清，但呼吸和心跳尚存在，此时应将触电者平静地仰卧，并注意保暖，要严密观察，并迅速送往医院救护。

3）如果触电者呼吸停止，采用口对口人工呼吸法抢救，若心脏停止跳动或不规则颤动，可进行人工胸外挤压法抢救。如果呼吸和心跳全停止时，则需同时采用上述两法，并立即向医院求救，千万不要认为已经死亡，就不去急救。

如果现场除救护者之外，还有第二人在场，则还应立即进行以下工作：

① 提供急救用的工具和设备。

② 劝退现场闲杂人员。

③ 保持现场有足够的照明和保持空气流通。

④ 请医生前来抢救。

实验研究和统计表明，如果从触电后 1min 开始救治，则 90% 可以救活；如果从触电后 6min 开始抢救，则仅有 10% 的救活机会；而从触电后 12min 开始抢救，则救活的可能性极小。因此当发现有人触电时，应争分夺秒，采用一切可能的办法挽救生命损失。

三、口对口人工呼吸法

口对口人工呼吸用于心搏骤停，或因麻醉、淹溺、电击、中毒等引起的呼吸暂停的危重患者的抢救。操作方法如下：

（1）将触电者仰卧，解开衣领，松开上身的紧身衣并放松裤带，然后将触电者的头偏向一侧，张开其嘴，用手指清除口腔中的假牙、血块、呕吐物等，如图 6-17（a）所示，使呼吸道畅通。

（2）使触电者头部充分后仰，鼻孔朝天，如图 6-17（b）所示，以防舌下坠阻塞气流（最好用一只手托在触电者颈后）。

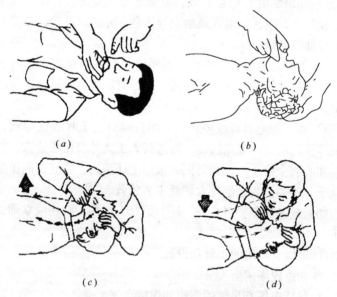

图 6-17　口对口人工呼吸法操作过程
(a) 清理口腔防阻塞；(b) 鼻孔朝天头后仰；
(c) 捏紧鼻子、大口吹气；(d) 放松鼻孔、自身呼气

(3) 救护人在触电者头部的一侧,用一只手捏紧其鼻孔保持不漏气,另一只手将其下颌拉向前下方(或托住其后颈),使嘴巴张开,准备接受吹气。

(4) 救护人深吸一口气,然后用嘴紧贴触电者的嘴巴向其大口吹气,为时约2s,同时观察其胸部是否膨胀,以确定吹气是否有效和适度,如图6-17(c)所示。

(5) 救护人吹气完毕换气时,应立即离开触电者的嘴巴,并松开捏紧的鼻孔,让触电者自动地呼气,使肺内气体排出,如图6-17(d)所示,为时约3s。此时应注意胸部复原状况,倾听呼气声,观察有无呼吸道梗阻现象。

(6) 按照上述步骤连续不断地反复进行,每一次为5s,每分钟12~16次。如遇到牙关紧闭的触电者,可采用口对鼻吹气,方法与口对口基本相同。

注意事项:

宜将患者置于空气新鲜流通的地方,以便施术。如在软床上抢救时,应加垫木板。现场抢救时,如必须搬动患者,当用手抬,并及时进行人工呼吸,以免延误时机。口腔内异物必须清除,必要时用纱布包着舌头牵出,以免舌后缩阻塞呼吸道。头要偏向一侧,以利于口鼻分泌物流出。

四、胸外心脏按压法

胸外心脏按压法是触电者心脏跳动停止后的急救法。做胸外心脏按压时应使触电者仰卧在比较坚实的地方,操作方法如下:

(1) 将触电者仰卧于硬板上或地上,解开上衣并松开裤带,救护人员跪跨在触电者腰间或胸侧,如图6-18(a)所示。

(2) 救护人两手相叠,手掌根部放在心窝上方、胸骨下1/3~1/2处,即"当胸一手掌,中指对凹膛",手掌的根部就是正确的压点,如图6-18(b)所示。

(3) 掌根用力垂直向下(脊柱方向)挤压,压出心脏里面的血液。对成人应压陷3~4cm,如图6-18(c)所示。

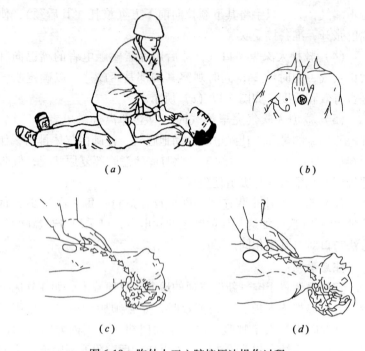

图 6-18　胸外人工心脏按压法操作过程
(a) 跨跪腰间；(b) 正确压点；(c) 向下挤压；(d) 突然放松

（4）挤压后掌根迅速全部放松，但手掌不要离开胸臂，使触电者胸部自动复原，此时，心脏舒张后血液又回流到心脏里来，如图 6-18（d）所示。

（5）按照上述步骤连续不断地反复进行，以每秒钟挤压一次，每分钟挤压 60 次为宜；触电者如系儿童，可以只用一只手挤压，用力要轻一些以免损伤胸骨，而且每分钟宜挤压 100 次左右。

当触电者心跳、呼吸全停止时，应同时进行口对口人工呼吸和胸外心脏按压法。如图 6-19 所示。如果现场只有一个救护人时，则两种方法应交替进行。每吹气 2～3 次，再挤压 10～15 次，反复交替进行，不能停止。

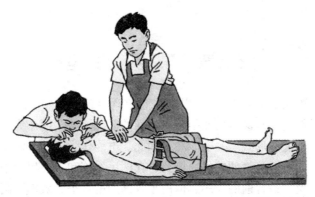

图 6-19 口对口人工呼吸和胸外心脏按压法同时进行示意图

抢救触电人往往需要很长时间（有时要进行 1~2h），必须连续进行，不得间断，直到触电人心跳和呼吸恢复正常、面色好转、嘴唇红润、瞳孔缩小，才算抢救完毕。

五、外伤的处理

对于与触电者同时发生的外伤，应分别情况酌情处理：

（1）凡是不危及生命的轻度外伤，可在触电急救之后进行处理。

（2）严重的外伤，应在现场与急救同时进行处理。一般损伤性创伤，在受伤时几乎都有细菌侵入。为了防止感染，必须用无菌生理食盐水彻底冲洗。然后用急救包中的防腐绷带或其他洁净布条包扎伤口。消毒时要防止碘酒、酒精等进入伤口内，因为它们会使人体组织细胞坏死。

六、急送医院

不论是哪种触电程度，都应立即将病人急送医院，因为触电后往往伴有一些并发症和后遗症，必须经医院诊治才能彻底解决。在送往医院的途中不应停止抢救，许多触电者就是在送往医院的途中死亡的。只有经过医生诊断，断定死亡后，才能停止抢救。

第七章 节约用电

人类文明进入21世纪以来，能源竞争日趋激烈，煤炭、石油、天然气等，甚至由此引起一系列的能源战争。而作为我们日常的一种能源形式之一电能亦是如此。电能作为一种无污染、易输送、使用经济简便的优质能源，在国民经济和人民生活中得到了最广泛、最普遍的应用，但由于我国用电水平和效率不高，一些地区的高峰用电依然紧张，电力供应形势不容乐观。节约用电、合理用电对于扩大电能的利用范围，减少电能的直接和间接消耗，改善优化能源结构，提高能源综合利用效率以及保护环境，都具有十分重要的意义。

第一节 生产用电节约措施

生产用电往往占到全社会用电总量的85%以上，并且随着我国经济的发展，农村不再单纯以农业生产为主，现在农村经济中工业生产的比重不断加大。电能的节约能够减少用户不必要的电费支出，降低生产成本，提高效益。因此采取有效措施节约生产用电势在必行。

一、改善农网布局，合理选择供电半径

从降损节能的角度考虑电网布局，关键是合理选择供电半径和控制最长电气距离，供电半径应根据负荷分布并按电压降进行选择。尽量达到短半径、多布点、小容量、多供少损、电压合格的要求，分散装设变压器，使之靠近负荷中心，这些措施都能有效地降低线损，收到节电的效果。10kV配电线路半径一般控制在15km以内，0.4kV的线路半径一般控制在0.5km以内。

二、合理敷设线路，降低线路损耗

在输送电力过程中会产生与输送电流平方成正比的有功功率损耗，称之为线路损耗。据统计我国配电网的线路损耗率在7%~8%之间，严重者可达到18%甚至更高。这不仅意味着电能的损失，更表现为能源的大量浪费以及对环境造成更多的污染。为了降低线路损耗，需要从以下几方面入手。

1. 减少供电线路的电阻值

导线的电阻值与导线的材料、截面积、长度有着直接的关系，因此我们可以通过三者的优化组合来实现电阻值的合理降低。

（1）根据电网负荷密度和实际分布状况合理选择电源点和走线。首先，线路尽可能走直线，少走弯路，以减少导线长度；其次，低压线路应不走或少走回头线，以减少来回线路上的电能损失，尽可能实现布线距离最短化。这样不但节约了成本，同时也降低了线路电阻，实现降低线路损耗的目的。

（2）采用优质铜芯导线，降低线路的电阻率。目前市面上的导线多以铜芯与铝芯导线为主，其中铜的电阻率要远远低于铝的电阻率，虽然采用铜芯导线一次性投入成本高，但铜芯导线使用成本要低于铝芯导线。主要是铜导线不但强度高，而且低电阻率，线路损耗生成热量少，线路老化慢，使用寿命长。

（3）适当增大导线截面。首先，对于比较长的线路，除满足载流量及电压损失所选定的截面，可适当加大一级导线截面，所增加的费用在较短时间内即可通过节约能耗减少运行费用得到回收补偿。一般而言，导线截面小于$70mm^2$，线路长度超过100m的增加一级导线截面比较合算。如：对于截面积分别为$16mm^2$、$25mm^2$，长度均为1km的两根铜芯导线，在常温下通过80A电流，工作1 000h，两者线路损耗量就相差24 768度电。目前工业用电1元/度，很显然，1 000个小时就可以省下24 768元钱。那么敷设线路增加的成本短短几年就可以节省出来。况且小截面积的导线线路损耗高，而线路损耗是造成发热的最主要原因，发热导致导线温度升高必然会加速绝缘材料老化，缩短寿命，降低绝缘程度，易出现热击穿，引发配电系统事故。其次，利用某些季节性负荷的线路，这些设备不工作的时段内，可提供给长期用电设备作供电线路使用，以减少线路和电能损耗。

（4）减少线路接点数量，降低接触电阻。在配电系统中，导体之间的连接普遍存在，连接点数量众多，不仅成为系统中的安全薄弱环节，而且还是造成线损增加的重要因素。必须重视搭接处的施工工艺，保证导体接触紧密，并可采用降阻剂，进一步降低接触电阻。不同材料间的搭接尤其要注意。

2. 平衡三相负荷

低压供电线路，应使各分支负荷尽量均匀分布在三相上，注意调节各相导线所带户数也尽量接近，最大限度平衡三相负荷。三相负荷平衡时，中性线的电流较小或者接近于零，中性线不存在功率的损耗，如果三相负荷不平衡，那么中性线中就有较大的不平衡电流流过，中性线上的功率损耗也随之增大，这是十分不经济的。

三、合理选择使用电动机

异步电动机在农业生产和农业工程中应用极其广泛。根据初步统计，目前我国农用电动机消耗的电能约占全国农村电能的70%以上。由于选型、使用不当和管理不善等原因，农用电动机通常有60%的电机都在60%或以下的负荷状况下运行，大马拉小车与低负荷运行的情况相当普遍。在此状态下，电机消耗的电能中有相当部分是以发热、铁损、噪声与振动等形式浪费掉。

电动机节电技术主要包括选用合适的电动机、采用高效率的电动机、正确安装、调试、采用先进的控制方式和控制设备、加强电动机的运行管理和维修等。

1. 选用节能、高效电动机

YX系列高效率电动机是在Y系列电动机的基础上派生出来

的，它的功率等级与安装尺寸的对应关系、额定电压、额定功率和使用条件等均与 Y 系列相同，但由于它采用了一系列设计和工艺改进措施，如采用铁损耗较低的磁性材料，增加有效材料的用量，改进定、转子槽配合和风扇结构等，使 YX 系列电动机总损耗比 Y 系列平均下降了 20% 左右，效率提高了约 3%，所以它是农用电动机的节能替换产品。J_2、JO_2 系列电动机为老型号，本身技术性能差、效率低，运行多年后，由于转子铁心外圆和定子铁心内圆气隙的变化等原因，使得电动机空载损耗普遍增大。而采用 Y 系列节能型和 YX 系列高效型会大大地减少这种损耗，若将 52% 的老系列电动机用 Y 系列电动机代替，1 年即可节电 25 万 kW·h.，节电效果十分明显。虽然节能电动机在价格上会贵一些，但经过 1~3 年即可全部收回这些费用，使用期愈长经济效益愈高。

2. 电动机正确安装、调试

电动机安装的内容通常为电动机搬运、底座基础建造、地脚螺栓埋设、电动机安装就位与校正以及电动机传动装置的安装与校正等。如果传动装置安装的不好会增加电动机的负载，增大损耗，严重时会使电动机烧毁或损坏电动机的轴承。电动机传动形式很多，常用的有齿轮传动、皮带传动和联轴节传动等。

在讨论电动机的节电措施时，人们普遍重视电动机的节电新技术、新产品，而忽视正确安装、调试。为确保电动机的安装、调试质量，有 3 点要特别注意：

（1）认真校准电动机轴与被拖动机械轴的中心线。用联轴节连接时，径向、轴向偏差不得超过 0.1mm；用皮带传动时，要满足电动机轴与机械轴保持平行；两个皮带轮中心线在一条直线上；齿轮传动时电动机的轴与被传动的轴应保持平行，两齿轮啮合应合适。

（2）避免电动机地脚螺栓松动。电动机地脚螺栓松动有两种可能：一是螺栓埋入太浅，带负荷后振动，自动松动，甚至拔出；二是螺栓太细，带负荷后，螺帽与螺栓间因过载滑扣，造成地脚螺栓松动。对前者要重新设计地脚螺栓,重新安装;对后者,要加双螺帽压紧,并通过日常检查,发现松动时拧紧。

（3）进行空载试车一小时。

待各项参数均满足要求,方可投入正常运行。否则不仅浪费电能而且还威胁电动机的安全运行。

3．定期检修电动机

运行中的电动机最少一年检修一次,环境恶劣的要半年检修一次,并确保检修质量,是电机节电的又一重要措施。具体检修项目可参阅本书第四章相关内容。

4．合理选择电动机的容量

电动机的负荷为额定负荷的 70% ~100% 时,效率最高;负荷轻时,功率因数低,效率低。因此,应避免电动机长期处于轻负荷运行状态。

5．采用先进的控制方式和控制设备

对控制泵的流量和控制风机的风量,过去采用直接调节阀门和风门的方法,由于机械阻力增加,电动机的电能消耗较大。现在一般通过对电动机调速来实现控制流量和风量,节约了大量电能。随着电子技术的应用,电动机调速控制装置中,广泛采用了电力电子器件和微型计算机或单片机,调速方便、精度高、特性稳定,而且节电效果更好。

6．合理安装并联低压电容进行无功补偿,可提高功率因数,减少无功损耗,节约电能

另外,保证电动机运行环境良好,保证电动机温升不超过标准,限制电动机的启动次数,减少或消除电动机的空载运行等措施有利于节能。

四、合理选用变压器

电力系统要把电能从发电站送到用户,至少要经过 4~5 级变压器方可输送电能到低压用电设备（220/380V）。虽然变压器本身效率很高,但因其数量多、容量大,总损耗仍很大。据估

计，我国变压器的总损耗占系统总发电量的8%左右，如损耗每降低1%，每年可节约上百亿度电，因此降低变压器损耗具有非常重要的意义。

1. 优先选用高效节能型电力变压器

随着科学技术的不断进步，新材料、新工艺的广泛应用，新的低损耗变压器相继研发成功。S11系统是目前推广应用的低损耗变压器，空载损耗较S9系列低75%左右，其负载损耗与S9系列变压器相等。因此，应在输配电项目建设环节中推广使用低损耗变压器。

2. 作好负荷预测，合理选择变压器容量

变压器容量的选择直接影响到了线损，其负荷率的高低影响电量损失。在选择变压器时，应在现有负荷的基础上，对3~5年内可能增加的照明、农业、乡镇企业的动力负荷进行预测、规划，合理确定变压器的台数和容量。对于主要供抗旱或工副业用的变压器，按规划负荷1.3倍选择变压器容量；对于供照明、农副业产品加工等综合用的变压器容量，考虑用电设备同时性，按实际可能出现的高峰负荷总容量的1.35倍选择变压器容量；对于专供农村照明用的变压器，按接近于照明总容量选择变压器；对于一些负荷严重不对称的地区，考虑采用子母变压器形式，根据符合情况进行调整，减少损失。

五、提高功率因数

功率因数是电力系统的一项重要技术经济指标，它反映了用电设备所消耗的有功功率与视在功率的一个比值关系。在负荷有功功率不变的条件下，提高负荷的功率因数可减少负荷的无功功率在线路和变压器的流通，减少线路电流，从而达到减少无功功率在线路和变压器中引起的有功损耗，降低线损。提高线路功率因数，减少无功功率的输送不仅可以充分发挥用电设备的工作效率，提高配电网电能质量，而且还能为用户本身节约开支、提高经济效益。

在正常生产条件下，生产设备的功率因数主要受以下因素影响：系统中电感性用电设备（如交流异步电动机、风机、感应电炉等）所占比重过大；电感性用电设备选择、匹配不合理，轻载或空载运行周期长；变压器长期空载运行或处于低负载运行状态；无功补偿设备的容量不足；供电电压超出规定范围等。针对以上影响因素，主要采用以下两种方法来提高功率因数。

1. 采取适当措施，设法提高系统自然功率因数

提高自然功率因数是不需要任何补偿设备投资，仅采取各种管理上或技术上的手段来减少各种用电设备所消耗的无功功率，这是一种最经济的提高功率因数的方法；而自然功率因数的高低，取决于负荷性质，一般采取以下技术措施：

（1）合理选择设备容量，提高使用设备效率；

对于变压器而言，在其二次侧所带负荷功率因数一定的情况下，变压器一次侧功率因数的高低，取决于其负荷率的高低。负荷率高，则一次侧功率因数高；反之，一次侧功率因数低。空载时，功率因数最低。为了避免变压器的空载和轻载运行，一般变压器的负荷率控制在 50% 以上时比较经济。

异步电动机的功率因数，在 70% 以上负荷率时最高，在额定功率时的功率因数约为 $0.85 \sim 0.89$；而在空载和轻载运行时的功率因数和效率都很低，空载时的功率因数只有 $0.2 \sim 0.3$。因此，正确选用异步电动机的容量使其与所带负载相匹配，对于改善功率因数是十分重要的。

（2）采取有效措施，合理配置系统负荷，提高设备利用率；

对负荷率比较低的配置，一般采取"撤、换、并、停"等方法，使其负载率提高到最佳值，从而改善电网的自然功率因数。

（3）有效利用新技术，采取生产新工艺，缩短生产流程，同时加强设备维护管理，减少设备的自身运行损耗，降低设备故障率。

2. 采用无功补偿装置，提高系统功率因数

采取以上技术措施，往往并不能达到理想的标准，所以还须

采用无功补偿装置（多采用电力电容器）来补偿用电设备所需的无功功率，以达到提高功率因数的目的。

用于无功补偿的设备主要有电力电容器、同步电动机和同步调相机等。因电力电容器补偿具有重量轻、投资少、有功损耗小、安装维护方便、使用成效显著等优点，而被广泛采用。无功补偿应按分级补偿、就地平衡的原则，采取集中、分散和就地补偿相结合的方案。一是在7.5kW及以上、年运行时数在1 000h以上的电动机上进行随机就地补偿，效果较佳。二是在10/0.4kV配电变压器中广泛采用低压侧集中补偿的无功补偿方式，使配电网无功功率就地平衡，可大大降低有功损耗和电压损耗。

第二节　照　明　节　电

随着我国经济生活水平的发展，照明用电已占总电量消耗的10%~20%，为此我国目前正在推进绿色照明工程的实施和发展。对于照明节电，我国目前流行着这么一种算法：以电灯为例，如果将我国在用的白炽灯全部替换为高效节能照明灯，每年可节电600多亿千瓦时，接近三峡电站现在全年的发电量，相当于节约2 200多万吨标准煤，减少二氧化碳排放6 000多万吨。为了推进绿色照明工程需要积极进行以下五个方面的工作。

一、充分利用天然光

在建筑物照明中更多的使用天然光，不仅有利于节省能源，还有益于改善室内环境，增强人体健康。天然光是一种取之不尽，用之不竭的绿色能源。近年来国内外建筑采光工作者提出了不少利用天然光的采光方法和设想，归纳起来主要有两类：直接利用法和间接利用法。

1. 直接应用法主要有两种

（1）镜面反射法

主要是合理利用平面反光镜或者棱镜组合直接将太阳光或者

集光器收集的光线反射到需要采光的地方。比如，在白天，可以直接利用镜面反射把阳光反射到室内需要采光的地方；而夜间，就可利用高空卫星上的反光镜，把太阳光聚集到高空或者反射到地面来实现区域性夜间采光、照明。

（2）媒介传输法

利用导光管或光导纤维将光线传送到需要采光的场所。经相关部门研究、试验，借助高导光率的传输媒介，也能够达到理想的采光效果。伴随高导光率材料的出现，媒介传输照明法会成为未来采光照明的必然方式。

2. 间接应用法主要有三种

（1）辐射能电转换法

利用太阳光辐射产生的热能，转换为机械能，从而驱动发电机组运转、发电，然后再利用电能进行照明。

（2）光电效应法

主要借助特殊材料的光电效应特性，直接把太阳光转换为电能，以供照明和其他方式使用。其中太阳能电池就是其中的一个典型例子。

（3）光电－微波技术转换法

借助安装在卫星或其他外太空载体上的太阳能电池，实现光电转换，然后用微波方式发送到地球，地面接收站通过天线接收后，再把微波转换为电能，为照明或其他用途提供了必要的能源。

二、合理选择照度和照明方式

照度就是光照的明暗程度，照度太低会损害视力，而不合理的高照度则会浪费电力，因此照度须与所进行的视觉工作相适应。比如在家庭中客厅、卧室、书房、门厅、厨房、走廊、阳台、卫生间不同的地方进行的活动不同，就得采用不同的照度。不能单纯为了节省用电而一律采用低照度光源，否则必然会影响到视力健康。

照明方式有一般照明、局部照明、混合照明三种方式，在满足照度的条件下，为了节约电力，应合理选择照明方式。大多数情况下混合照明效果较好。

为了能更好地利用光能量，应注意以下几个问题。

（1）足够的灯光亮度。根据房间的用途合理采用照明方式，达到足够的亮度，以满足必要的视觉需求。

（2）光线要稳定。照明灯具光线要明亮、稳定，不能有人眼所能察觉的闪烁现象存在，否则会对人的视觉系统造成损伤。

（3）高显色指数。显色指数即为光对颜色的还原程度。大多数人都有这样的经历，在灯光下所看到的物品的颜色与太阳光下的颜色存在一定的差别，造成此种视觉现象的原因是灯光的显色指数不够。而太阳光的显色指数是100，而人在显色指数达到80以上的灯光下才能较易分辨颜色的真实性。若在显色指数较低的灯光下，人眼的分辨率降低，造成眼睛对颜色的判断失误，同时容易造成视觉疲劳。在日常情况下，如果一种光源达不到显色性要求时，可采用两种以上光源的混合照明的方式，可有效提高灯光的显色指数。

（4）尽可能少的眩光。照度过高或位置不科学严重的会形成眩光。例如黄昏时在街上还可以看见障碍物，可以大胆的前行，突然对面来的汽车，开足了汽车大灯，眼前突然看不见任何东西，这就是眩光。在照明过程中用大功率灯安装在不适合的地方，既浪费电又使得人们产生眩光。

（5）选择合理的光色。绚丽的灯光颜色会使人兴奋、欢快，而单色调容易让人稳定情绪，应根据场所合理安排光色。

（6）注意红外线和紫外线对人体的损害。白炽灯发出的辐射中大部分是红外线，它主要将电能变成热能，不仅发光效率低还容易使眼睛产生白内障。荧光灯中有一定数量的紫外线，如果紫外线太强会使皮肤产生红斑，也可以使眼睛引起角膜炎。因此不论选用白炽灯或荧光灯时，都要考虑到对人体的安全问题。

三、合理选择照明灯具

为了节约电力，满足照度，不同的地方功能不同，需要采用不同的照明灯具。另外科学地安排光源分布，能获得满意的光照分布。现以在家庭为例说明一下这个问题。

（1）客厅照明：客厅可谓是家庭诸多活动的核心场所，属于多功能厅，应采用多种多样的混合照明方式。作为会客厅，顶部照明必不可少，以看清客人的表情为宜，同时根据自己客厅的高矮程度，合理选择顶部照明灯具，建议矮客厅尽量选用吸顶灯，而高客厅最好选用吊灯；而在客厅娱乐休闲时，不妨采用落地灯或台灯做局部照明，以营造柔和适宜的环境氛围；在读书、看报时，最好采用可调节高度和角度的落地灯或台灯来提供集中、柔和光线以达到合理的照明效果；对于客厅中各种艺术品的赏阅，建议采用石英灯或卤素光源轨道灯来集中照明，以强调艺术品的细节、特点。

（2）餐厅照明：餐厅的照明灯具宜采用暖色调的向下直接照射的吊线灯，应安装在餐桌上方 1m 左右处，灯具最好能够自由升降。

（3）卧室照明：卧室照明多采用一盏吸顶灯作为主光源，在床头增设壁灯、小型射灯或者发光灯槽等作为装饰性辅助照明。若有在床上看书的习惯，可直接在床头安放一盏可调光型的冷光源节能台灯或落地灯。

（4）厨房照明：厨房照明灯多采用嵌入式吸顶灯具或防水防尘的吸顶灯，突出厨房的明净感；在操作台的上方可合理安置局部照明灯具，如壁灯、天花射灯或荧光灯管等；注意选用的灯具应该防水防尘，安全且易于清洁。

（5）卫生间照明：卫生间中安装的主照明灯具多是防水防尘的吸顶灯或嵌灯，宜选用冷色调光源；镜前灯最好选用具有防水、角度可调的冷光源节能灯。

四、节能光源

在满足照明要求的情况下，提倡选择高效节能光源，可以有效节约照明用电。常见的节能光源主要有：

（1）T8、T5荧光灯。T8荧光灯管在市场上已普遍推广应用，比传统的T12荧光灯节电量可达10%；而T5荧光灯管也逐步扩大市场，其节能效果要优于T8；目前已有更为先进的T3、T2超细管径的新一代产品。

（2）紧凑型荧光灯（CFL）。紧凑型荧光灯与普通白炽灯相比，具有高能效、寿命长的优点，同时具有很高的通用型，可配合多种灯具广泛使用，易于安装，使用方便。

（3）金属卤化物灯。金属卤化物灯的特点是寿命长、光效高、显色性好，在相同照度条件下，较高压汞灯可节电30%。

（4）高压钠灯。高压钠灯具有寿命长、光效高、透雾性强的特点，在相同照度下，较高压汞灯节电37%。

五、其他节能措施

除了上述的常用节能方式以外，我们同样可以采用以下几种措施来达到有效的节能效果。

（1）养成随手关灯的习惯，减少不必要的浪费。

（2）要求高照度的场所，须采用一般照明加局部照明方式补强照度。

（3）定期擦拭、清扫灯管、灯具，可维持应有亮度及节约电能。

（4）室内装饰材料尽量选用反射率较高的乳白色或浅色系列，可有效提高照明能效。

（5）提高照明线路的截面积，合理布线，减少线路的损耗。

第三节　空调机的节能

对许多家庭来说，空调还属于买得起却用不起的高档消费品，造成这种局面的主要原因是空调机过大的耗电量。而合理选

购并正确使用空调,可有效降低空调的能耗。现总结如下:

(1) 提倡购买使用变频空调。变频空调在运行过程中无需频繁重复启动,它可以根据房间大小改变电机的频率,调节输出的冷/热量,当达到设定温度后,压缩机便在低转速、低能耗状态运转,仅以所需的功率维持设定的温度,和一般空调相比节能20% ~ 30%。

(2) 尽量选购高能源效率值的空调。能效值每升高0.1,耗电量将减少4%(能效值指空调制冷量与输出功率即耗电量的比值,能效值越大越省电,反之越耗电。一款制冷率在2 500W,能效比为2.5的普通挂式空调每小时耗电2 500/2.5/1 000 = 1度)。

(3) 空调室外机尽可能安装在阴凉、通风处(若在夏季,空调室外机不可避免地受到阳光直射,最好在其顶部装设遮阳伞),并选择适宜出风角度,且勿挡住其出风口,否则也会降低其冷暖气换热效果,浪费电力。尤其不要把空调安装在向阳的窗户上,因为室内下层空气是冷热混合型空气,室内的上层是温度较高的空气,若把空调装在窗台上,抽出的空气温度低,上层的热气并没得到有效制冷,相对来说,空调所做无用功耗增加。

(4) 空调刚开机时,利用调控器先设置为高冷或高热强风挡,当温度适宜时,改为中、低风适宜温度挡,可减少能耗,降低噪声。

(5) 合理设定温度。夏日使用空调,最好把温度设定在26 ~ 28℃,并且在使用时关好门窗,从而减少能量消耗。室内温度调节至26 ~ 28℃时,在此温度下我们不仅完全能够感觉到凉爽,而且不会出现因温度过低而产生的身体不适。另外,空调在此温度下是比较节能的。倘若把空调温度设置在26℃以下,则每降低1℃会增加10% ~ 15%的耗电量,以1.5匹空调为例,夏季温度调高1度,每天开5h,可节电0.25度。因为空调温度低于26℃,便进入了低效率区,不但消耗了大量的电力资源,造成无谓浪费,而且不益于身体健康。空调温度过低造成室内外温差太大，容易引起人体免疫系统受损导致疾病的出现。

冬季空调温度设定在 16~18℃ 为最佳。室内外温差最好不要大于 10℃，这样既让人感到舒服，又可节省大量能源，温差过大，人们外出时无法立刻适应突来的冷空气，易患疾病（常见的就是感冒）。

（6）不能频繁启动压缩机，停机后应隔两至三分钟再开机，否则会增加电耗，同时易导致压缩机超载而烧毁。

（7）使用空调期间"通风"开关不要处于常开状态，并尽量减少开关门窗的次数。否则会降低空调效率，加大电能消耗。

（8）合理利用窗帘遮挡窗户。冬季白天打开窗帘尽量使日光射进房间，夜间就用窗帘罩住窗口以减少热量流失；夏季白天，则尽量使用深颜色的窗帘遮挡室外阳光照射，减少阳光热能辐射。

（9）善于利用风向调节。冷气流比空气重，易下沉，暖流则相反，所以制冷时出风口向上，制热时则向下，会提高调温效果，降低电能消耗。

（10）夏季空调可设定较高温度，并配合电风扇的低速运转，以加快室内冷空气循环，同样能达到理想的降温、节电效果。

（11）使用空调的睡眠功能（有的空调叫经济功能）。人在睡眠过程中，身心高度放松，生理代谢缓慢，对温度变化不敏感。睡眠功能就是科学依据人体生理功能需求，在人入睡的不同时间段，空调器会自动调高（制冷时）或调低（制热时）室内温度，让人体始终处于舒适、健康的睡眠环境中，得到充分的休息。这个功能的使用可达到 20% 的节电效果。

（12）定期对空调器进行清洁。灰尘等污染物易堵住空调通风管道的通风口，导致通风量降低，降低空调运行效率。建议空调空气滤网一、二周清洗一次，清洗、吹干后装上，可加大 10% 风量，达到 5% 左右的节能效果，同时有利于人身健康。

（13）离开房间 15min 之前要关掉空调。首先，在短时间内房间温度变化不会很大；其次，缩小与室外温差，避免出门身体不适应，同时还能节省电能。

(14) 空调不用时，要完全切断空调供电电源或者干脆拔掉电源插头。在待机过程中同样会有电能消耗，现在空调待机损耗一般 3~5W 每小时待机耗电度数平均为 0.004 度。

第四节 其他家电的节能

一、电冰箱的节能

1. 冰箱的摆放位置

冰箱应尽可能放置在远离热源、阴凉通风处，夏季高温时要适当调高冰箱的箱温，因为冰箱内外温差越大，传入冰箱内的热量越多，冰箱耗电也会越多，若冰箱外围的温度每提高1℃，冰箱要增加5%左右的耗电量。冰箱顶部、左右两侧及后面都要留有至少大于15cm的空间，这比起紧贴墙面可以节能20%左右。

2. 避免频繁开关冰箱

尽量减少冰箱开门次数，缩短开门时间，若以每次开门时间半分钟至一分钟计算，冰箱内温度恢复原状，压缩机就要工作5分钟，耗电量约0.008度。霜会阻碍冰箱制冷量的传导，降低冰箱工作效率，冷冻室要及时除霜，清洁并使冰箱干燥后，再通电制冷，以免立即结霜。

3. 及时清除冰箱结霜

食品完全冷却后才能放进电冰箱，热食品会使冰箱内部温度快速上升，还会增加蒸发器表面结霜厚度，增加耗电量。水果、蔬菜水分较多，应用塑料袋包好再放入冰箱，以免水分蒸发加厚霜层。

4. 食品储存量要适当

冰箱存放食物不要过多过紧，食物占冰箱容积的80%为最佳，以确保食物和箱壁之间1厘米的间隙。否则会影响冰箱内空气的对流，既影响保鲜效果，又增加压缩机工作时间。冰箱内的食物放置较少时,可在其内填满泡沫塑料块(泡沫塑料快几乎不吸收冷气),而冰箱原来的体积相对"缩小",缩短制冷机工作时间,达到节电的目的。蔬菜和水果尽可能的随吃随买,放入冰箱时间过长,不但会使其营养成分流失,也损耗冰箱的电能。

5. 合理设定冰箱冷藏温度

适当调高冷冻室温度,也可节省耗电量。据测算,冰箱冷藏室温度设定为8℃比5℃每月可节省30%的耗电量。一般食物保鲜效果在8~10℃较佳,冷冻室如用-18℃代替-22℃,可节省30%的耗电量。调整电冰箱调温器旋钮也可节电,冬季调温器旋钮转至"1"挡,夏季调至"4"挡,可以减少冰箱的启动次数,有利于节电。

6. 根据需要选定冰箱容积

冰箱容量越大功率也越高,从而耗能就越大,所以我们要根据家庭需要选择型号合适的冰箱。并且根据保存物品的需求设定相应的温度。

7. 生活节能小常识

(1) 0~10℃:果蔬保湿保鲜,酒类、饮品冰镇后口感更佳。

(2) 0℃:对水分保持要求严格的食品,在此温度保鲜效果更佳;上好的生鱼片、凉菜、沙拉等短期食用的食品在此温度保存口感更佳。

(3) -7℃:肉类食品从中取出,无需解冻即时切,既避免营养损失,又节省空间。

(4) -18℃:只有需要很长时间保存的新鲜鱼肉类食物才用此温度保存,但是如果这样就不如到市场上买新鲜的效果好。新鲜鱼肉类食物及时做,味道更佳,营养也更好,关键还省电。

二、电视机的节能

1. 适当调低电视机显示器亮度

正确调整电视亮度,荧光屏亮度愈大、消耗电能愈多,反之则愈小,白天看电视拉上窗帘避光,可相应调低电视机亮度,而晚上宜点一只5W以下的照明灯,既保护视力,又不影响电视屏亮度。

2. 不要频繁开关电视机

电视机打开的过程中是最耗电的,而且还会影响显像管的寿命。因此要避免频繁开关电视,尤其在短时间内。普通电视机待机1h耗电约0.01度,不看电视时要切断电源或及时拔掉电源插头,省电又安全。

3. 保持电视机的清洁

电视也需要保持清洁,尤其使电视屏幕,应隔段时间便用酒精和软布对其便面进行清理,提高电视平面清晰度。电视不用时,用罩遮盖住,防止灰尘进入机身。灰尘多了就可能漏电,增加电耗,还会影响图像和伴音质量。

三、洗衣机的节能

1. 合理选择洗涤功能

洗衣机应该尽量放在平坦干燥的地方,这样更能发挥其洗涤效率减少用电量。衣服可累积到一定的量再清洗,省水也省电。依据衣物的种类和脏污程度,合理选用较短洗衣程序。洗衣前宜先将衣物浸泡20分钟左右,这样不但会增加洗衣清洁效果,而且同时缩短洗净时间。脱水时间最好不要超过3分钟,过长的脱水时间,只能增加耗电量,而其他用处并不大。"弱洗"比"强洗"的叶轮换向次数多,电机会增加反复启动,而电机启动电流是额定电流的5~7倍,因此"弱洗"反而费电,"强洗"还可延长电机寿命。当然这点还需要根据衣服的质地选择程序,有些衣服不适合使用"强洗"程序,所以还需要看衣服的说明。带动波轮的皮带打滑时,应及时收紧。洗衣机应按额定容量洗涤,水量过多或过少都不利于节能。

2. 定期检修洗衣机

每月清洗过滤器一次,提高洗衣效果,而且减少洗衣机排放异味的机会。洗衣机使用一段时间后(约为3年左右),带动洗衣机的皮带往往会打滑，可收紧一些，即会恢复原来的转动功能，增加洗衣效果，达到节电的目的。

四、电饭锅的节能

1. 正确使用利于节能

电饭锅节电首先要保持它的内锅和热盘接触好，经常保持清洁保证传热好。电饭锅煮饭，用温水或热水煮饭，可以节电30%。米在电饭锅内预先浸泡约20min，再通电加热可缩短煮熟时间。锅上盖一条毛巾，可以减少热量损失，起到一定的保温作用。

2. 自动断电后及时关闭电源

当电饭锅（自动）断电的时候，要及时把插头拔掉，可以充分利用它的余热，否则，当电饭锅温度低于70℃的时候，它会自动启动，反而费电了。

3. 根据家庭需要合理选择电饭锅容量

根据家庭需要，选择大小适宜的电饭锅，实践证明，煮1kg的饭，500W的电饭锅需30min，耗电0.25度，而用700W电饭锅约需20min，耗电仅0.22度，也就相当于节约了0.03度电。当然，电饭锅的功率与容积匹配，小功率的电饭锅容积也就小，如果煮的饭较少，还是使用功率小的合适。使用时要选择合适功率的电饭锅，才会省电。

五、抽油烟机的节能

1. 及时清洗抽油烟机

及时清洗抽油烟机，避免表面附着的油垢增大耗电量，而且也影响美观。清洗抽油烟机时，只需开启机器，用装满清洁剂溶液的喷壶对着风叶进行喷洒，随着风叶的旋转甩干，抽油烟机也焕然一新了。擦拭风叶的方法一则比较麻烦，二则容易使风叶变形从而增大阻力，加大电耗。

2. 提前开启抽油烟机

抽油烟机最好在油烟出现前就开启,这样才能达到最好的除烟效果,抽油烟机清除油烟也需要一段时间,等有油烟了再开启它,不但增大功率的消耗,而且还要忍受一会儿油烟的袭击。

做饭时避免抽油烟机上的照明灯和厨房内电灯共同开启,应尽量使用抽油烟机上的小功率照明灯,这样照明的效果更好。

六、微波炉的节能

1. 根据食物类别选择合理的加热时间

微波炉在加热过程中,只会对含水或脂肪的食物进行加热,加热较干食物时,可在食物表面均匀涂一层水,这样可提高加热速度,减少电能消耗。

微波炉启动时用电量大,使用时尽量掌握好时间,减少关机查看的次数,做到一次启动烹调完成。根据食品类别,选择合适的时间,时间过长会影响有些食品的营养(如牛奶),而且增大电量消耗。

冷冻的食物应解冻后再进行烹调,并加层保护膜,这样可使食品水分不蒸发,味道好,而且能节省电能。

2. 及时关闭电源

不使用微波炉时拔掉电源插头,避免待机状态下的能源浪费。

微波炉等电器插头与插座的接触要匹配良好,否则将增加电能损耗。

保持箱内清洁,尤其是风口和微波口的清洁。

七、电脑的节能

1. 合理设置电脑工作模式

短时间不用电脑(3小时左右),让电脑休眠比关闭更加省电,因为电脑在睡眠状态下即进入低能耗模式,可以将能源使用量降低到一半以下。据测算,休眠电脑的耗电量是关闭再重启电脑的10%。当然，长时间不使用电脑，减少电脑和显示器能耗的最好方法还是将电脑关闭，并切断电源，因为电脑在"睡眠"状态下依然有7.5W的能耗，即便关了机，只要插头还没拔，电脑照样有4.8W的能耗。

2. 根据需要选择显示器大小和亮度

根据需要调节电脑显示器的亮度，显示器过亮不但耗电高（电脑显示器的最亮和最暗的耗电差近10W），而且容易使眼睛疲劳。显示器的选择要适当，因为显示器越大，消耗的能源越多。例如，一台17英寸的显示器比14英寸显示器耗能多35%。一般而言，笔记本电脑是台式电脑能耗的10%。

3. 尽量调低音响音量

在用电脑听音乐或者看影碟时，最好使用耳机，以减少音箱的耗电量。在不需要音响功能的时候，尽量把电脑的音响关闭。使用完影碟或CD片后，要将光盘从光驱中取出，这样不但有利于减少光驱的磨损，而且减少电能消耗。

4. 关闭电脑后及时关闭电源

将电脑设置为省电模式，这样能使得电脑在长时间无人使用时处于省电状态。关闭电脑后，把连接电脑的总电源也关闭掉，否则主机虽然关闭，但是鼠标和显示器在总电源开启的状态下都会耗费电源。电脑显示器的待机功率消耗为5W，电脑主机箱里的电源也处于待机状态，待机功率4.8W也要消耗电能。

八、电热水器的节能

1. 定期清理水垢

电热水器使用一年后，电热管上沉积很厚的水垢，影响次年热水器的正常使用，加长加热时间，增大电耗，也会减少热水器的正常使用寿命，所以电热水器的内胆每半年应清洗一次。清洁的方法是首先切断电源，关闭进水阀，然后开启出水阀，将安全阀上的排水开关逆时针旋转90°，自然排净热水器内的水和沉淀物。然后再用自来水清洗，清洗完毕，再将排水开关恢复原位。

注意注满水后方可通电。

2. 合理安排时间，减少热量损耗

热水器本身具有一定的保温能力，水烧好后，切断电源，热水器中的水温在24小时之内还是适合洗澡的，所以如果家中几个人在不同时间洗澡，24小时之内是没有必要再次启动热水器烧水。最好是需要洗澡前1个小时打开热水器，将凉水烧到一定温度后及时使用，减少热量损耗。

3. 根据家庭需要选择合适的电热水器

选择电热水器时，除了要了解产品的品牌是否过硬，取材是否讲究，容积是否适合，还要特别注意三方面：一是电热水器的保温效果；二是电热水器加热管的热效率；三是电热水器温控器的质量。这三点是电热水器节能的主要依靠成分。如家庭住宅条件允许可以安装太阳能热水器，这样节能又环保。但在使用时应将管内的凉水放到桶里，而不是白白流掉。

根据家庭需要选择容积合适的电热水器。例如2～4人家庭，最宜选用30～40升的容量；4～5人家庭，适合选用40～50升的容量；5～6人家庭，适合选用70～90升的容量。

4. 根据季节不同设置适宜水温

夏季的洗澡水可以适当降低温度，把电热水器一般温度设在60～80℃之间可减少电耗；选择用淋浴替代泡澡习惯，这样可降低一半的费用。

问题索引

第一章 农村电气化概述 ……… 1
1. 新农村电气化村评价标准是什么？ …………………… 8
2. 我国现行电价是如何分类的？ ………………………… 12
3. 实行分类电价的原因是什么？ ………………………… 14

第二章 农村供电系统 ……… 16
1. 电能是怎样产生的？ … 16
2. 新能源和可再生能源是如何发电的？ ……………… 20
3. 什么叫输电？什么叫配电？ ……………………………… 23
4. 农村电力网的组成及是特点什么？ ……………………… 25
5. 农村供电方式是如何选择的？ ………………………… 28
6. 农村变电所包括哪些设备？ ……………………………… 29

第三章 农村低压配电线路及电器安装 ……………… 31
1. 电力负荷的三个等级是如何划分的？ ………………… 31
2. 农村低压配电网的技术要求是什么？ ………………… 32
3. 低压架空线路的结构是什么？ ………………………… 33

4. 架空线路路径是如何选择的？ ………………………… 35
5. 接户线、进户线装置要求是什么？ …………………… 36
6. 接户线和室外进户线最小允许截面？ ………………… 38
7. 敷设地埋线时，应注意什么？ ………………………… 41
8. 地埋线的故障是怎样检测的？ ………………………… 42
9. 电缆敷设的方法有哪些？ …… 44
10. 室内配线的敷设方式有哪些？ ………………………… 46
11. 室内配线的一般要求是什么？ ………………………… 47
12. 塑料护套线施工程序及方法是什么？ ………………… 49
13. 塑料线槽配线工艺流程是什么？ ……………………… 50
17. 什么叫线管配线？为什么不允许将塑料绝缘导线直接埋于水泥或石灰粉层内敷设 ……………………… 54
18. 塑料电气暗管敷设的施工程序是什么？ ……………… 55
19. 导线是如何连接的？

261

.... 59
20. 导线截面是如何选择的?
.... 65
21. 如何估算负荷电流?
.... 73
22. 常用的低压电器设备的分类与用途有哪些? …… 73
23. 如何选择低压刀开关?
.... 76
24. 如何选择熔断器? …… 79
25. 低压断路器的选用原则是什么? 82
26. 什么是漏电保护断路器? 如何选择? 84
27. 如何安装和使用漏电保护断路器? 84
28. 如何选择交流接触器?
.... 85
29. 什么是电能表? 如何选用电能表? 86
30. 简易测试家用电能表是否准确的方法是什么?
.... 88
31. 如何估测用电器的功率?
.... 89
32. 低压配电箱的功能是什么?
.... 90
33. 常用照明电光源有哪些?
.... 92
34. 荧光灯的工作原理是什么?
.... 96
35. 安装荧光灯时, 应注意哪些问题? 97

36. 如何选择节能灯? …… 97
37. 荧光灯的常见故障及其排除方法有哪些? ……… 98
38. 半导体照明灯的优缺点是什么? 103
39. 住宅照明的一般要求是什么? 如何选择光源?
.... 103
40. 如何配置住宅室内灯具?
.... 106
41. 灯具、开关及插座的安装要求是什么? ……… 107
42. 康居住宅插座如何设置?
.... 107
43. 如何选配家用照明配电箱及室内线路? …… 108
44. 农村住宅如何实现保护接地? 109
43. 供电线路常见故障有哪一些? 如何检查? …… 110

第四章 农村生产用电设备
.... 114
1. 变压器的种类有哪些? 变压器的型号含义是什么
.... 114
2. 常用电力变压器主要技术数据有哪些? ……… 118
3. 变压器在运行中定期检查的项目及要求主要有哪些?
.... 120
4. 农业生产常用的电动机有哪几种? ……… 122
5. 三相异步电动机的定子绕组

如何连接？ …………… 123
6. 如何选择农用电动机的种类和型号？ ………… 124
7. 如何选择农用电动机的功率和转速？ ………… 127
8. 如何选择电动机控制电器及连接导线？ ……… 129
9. 如何对三相异步电动机进行运行检查与维护？ …… 129
10. 三相异步电动机常见的故障包括哪些？如何处理？
 ………………… 136
11. 低压验电器的用途有哪些？
 ………………… 141
12. 怎样对指针式万用表进行机械调零和电位器调零？
 ………………… 144
13. 使用指针式万用表时，应注意哪些问题？ ……… 145
14. 如何使用数字式万用表？
 ………………… 149
15. 如何使用嵌形电流表？
 ………………… 152

第五章 家用电器的选购和使用 ………… 153
1. 选购电视机时要注意哪些问题？ ……………… 153
2. 怎样使用电视机？怎样保养电视机？ ………… 159
3. 电冰箱选购要点有哪些？
 ………………… 161
4. 使用保养电冰箱应注意哪些问题？ …………… 164

5. 如何选购家用空调机？
 ………………… 166
6. 怎样使用空调？怎样保养空调？ ……………… 169
7. 怎样选择合适类型的洗衣机？ ………………… 171
8. 洗衣机使用保养要点有哪一些？ ……………… 173
9. 如何才能选择一台称心如意的电脑？ ………… 174
10. 家庭影院的选购要点是什么？ ………………… 179
11. 怎样使用家庭影院？怎样保养家庭影院？ …… 183
12. 怎样选择类型适合的微波炉？ ………………… 184
13. 电饭煲的选购要点是什么？
 ………………… 179
14. 如何选购电动自行车？
 ………………… 189
15. 电动自行车使用保养要点有哪一些？ ………… 192
16. 电动自行车的电池如何使用保养？ …………… 193

第六章 农村安全用电 ……… 195
1. 为什么接地？接地的种类有哪些？ …………… 195
2. 低压配电系统分为几种系统？各有什么特点？
 ………………… 197
3. 雷电是怎样形成的？
 ………………… 202
4. 雷电的种类与危害有哪些？

263

.... 193
5. 怎样进行直击雷防护？
   204
6. 避雷针用什么材料制作？长度与截面有何规定？
   204
7. 避雷网和避雷带选用什么材料制作？截面有何规定？
   207
8. 如何对农村房屋进行防雷设置？ 213
9. 农村防雷装置的做法有哪些？ 213
10. 怎样利用建筑物主体钢筋作为防雷装置和接地系统？
    215
11. 如何对人身进行防雷？
    216
12. 触电事故的分布具有什么规律？ 221
13. 常见的触电形式有几种？
    223
14. 农村安全用电须知内容有哪些？ 225
13. 漏电保护器的作用原理是什么？ 227

14. 如何正确使用插座？
    230
15. 怎样使触电者迅速脱离电源？ 234
16. 怎样进行口对口人工呼吸？
    236
17. 怎样进行胸外心脏按压法？
    237

第七章 节约用电 240
1. 生产用电节约措施有哪些？
   240
2. 照明用电节约措施有哪些？
   247
3. 家用空调机有哪些节电窍门？ 251
4. 电冰箱节能措施有哪些？
   254
5. 电视机如何节能？ 255
6. 洗衣机如何节能？ 256
7. 电饭锅如何节能？ 257
8. 抽油烟机如何节能？
   257
9. 微波炉如何节能？ 258
10. 电脑如何节能？ 258
11. 电热水器如何节能？
    259

参 考 文 献

1. 《实用农村电工手册》编写组编. 实用农村电工手册. 北京：金盾出版社，2005
2. 刘光源主编. 电工实用手册. 北京：中国电力出版社，2001
3. 孙克军主编. 农村电工手册. 北京：机械工业出版社，2002
4. 刘行川主编. 农村电工手册. 福州：福建科学技术出版社，2001
5. 周希章主编. 如何保证安全用电. 北京：机械工业出版社，2001
6. 陈应斌主编. 现代家庭实用电工技术. 北京：电子工业出版社，1999
7. 刘介才主编，工厂供电（第三版）. 北京：机械工业出版社，2000
8. 戴瑜兴主编，民用建筑电气设计手册. 北京：中国建筑工业出版社，1999
9. 电池网 http://www.dian-chi.cn.
10. 中原电动车网 http://www.zyddcw.com.
11. 梅忠恕，农村防雷保护措施要点，http://www.xn-159Z2ax710u6a.cn/s